미래를 읽다 과학이슈 11
Season 2

미래를 읽다 과학이슈 11 Season **2**

3판 1쇄 발행 2021년 5월 1일

글쓴이 강석기 외 10명
펴낸이 이경민

편집 박희정
디자인 나무와 책

펴낸곳 ㈜동아엠앤비
출판등록 2014년 3월 28일(제25100-2014-000025호)
주소 (03737) 서울특별시 서대문구 충정로 35-17 인촌빌딩 1층
전화 (편집) 02-392-6901 (마케팅) 02-392-6900
팩스 02-392-6902
이메일 damnb0401@naver.com
SNS ❚ ◉ ⓫

ISBN 979-11-6363-386-0 (04400)

미래를 읽다 과학이슈 11

과학이슈 11

Season 2

강석기 외 10명 지음

동아엠앤비

진화론 논쟁에서 애니팡 신드롬까지
최신 과학이슈를 말하다!

2011년 4월 한국과학창의재단의 제작 지원으로 『청소년이 꼭 알아야 할 과학이슈11(season 1)』이 발간됐다. 2010년에 우리나라는 물론 전 세계적으로 화제가 됐던 과학이슈 중 10가지를 선정하고 관련 분야 전문가와 과학전문기자에게 원고를 청탁했다. 그런데 책이 완성될 시점인 2011년 3월 14일, 이웃나라 일본에서는 대지진과 해일이 일어나면서 일본 동부에 있는 후쿠시마 원자력 발전소에서 큰 사고가 일어났다. 국내 언론 및 과학 잡지에서는 원전 사고에 대한 뉴스와 분석 기사가 쏟아졌다. 과학이슈10은 동일본대지진으로 인해 과학이슈11이 됐다. 발간 이후 과학이슈11은 청소년은 물론 대학생과 일반인에게 화제를 불러일으켰고, 과학이슈에 대한 명쾌한 해설로 순식간에 1만 부 이상 팔리는 베스트셀러가 됐다. 이에 과학동아북스에서는 매년 과학계를 떠들썩하게 한 이슈 11가지를 선정해 발간하기로 했다.

국내 과학잡지의 편집장과 기자, 일간지의 과학전문기자, 학계의 교수와 연구자, 과학저술가 및 과학칼럼니스트들이 과학이슈 10가지를 선정하고 거기에 정확히 과학 분야는 아니지만 사회 전반적으로 화제가 됐던 이슈를 하나 더 추가해 『청소년이 꼭 알아야 할 과학이슈11(season 2)』이 발간되기에 이르렀다.

2012년 7월 4일, 스위스에 있는 유럽입자물리연구소(CERN)는 거대강입자가속기(LHC)에서 '힉스 입자'를 발견했다고 발표했다. 우리나라를 비롯해 전 세계 과학자들은 이 사건을 '가장 화려하면서도 중요한' 과학이슈로 꼽았다.

힉스 입자? 도대체 힉스가 뭔데 최대의 화제가 됐을까? 그런데 그보다 한 달 정도 앞선 2012년 6월 7일, 우리나라 과학계가 전 세계의 주목을 받은 사건(?)이 일어났다. 획기적인 발견이나 연구 성과가 있었던 것일까? 애석하게도 그런 것이 아니었다. 세계적인 과학학술지 《네이처》에 '한국, 창조론자 요구에 항복하다'라는 기사 때문이었다. 내용은 과학교과서에서 진화론을 빼달라는 창조론자의 요구가 받아들여졌다는 것이었다. 진화론은 왜 과학교과서에서 빠지는 된 운명에 처했을까? 또 우리나라 과학자들은 어떻게 대처했을까?

2012년에는 힉스 입자와 진화론 논쟁 외에도 성범죄자들의 화학적 거세, 다중우주, 원자력의 진실, 과학수사, 성조숙증, 화성 탐사 로봇 큐리오시티, 인공뇌, 과학자 윤리 등이 과학이슈 10가지로 등장했다. 여기에 사회 문화적으로 커다란 이슈가 된 애니팡이 추가됐다. 애니팡은 '국민 게임'으로 불리며 지인들끼리 하트를 주고받는 아름다운(?) 모습이 연출됐다.

자, 이제부터 2012년을 떠들썩하게 했던 11가지 과학이슈에 대해 하나씩 파헤쳐보자. 여기에 선정된 과학이슈들은 우리 삶에 어떤 영향을 미치는지, 그 과학이슈는 앞으로 어떻게 발전해갈지, 또 과학이슈에 의해 바뀌게 될 우리의 미래는 어떻게 펼쳐질지 생각해보자.

2012년 12월

편집부

Contents

진 화 론

필자 강석기

서울대학교 화학과 및 동대학원(이학석사)을 졸업했다. LG생활건강연구소에서 연구원으로 근무했으며 동아사이언스 《과학동아》와 《더사이언스》에서 과학 전문기자로 일했다. 현재 과학칼럼니스트와 과학책 저술가로 활동하고 있다. 지은 책으로 『과학 한잔 하실래요?』(MID, 2012)가 있고 옮긴 책으로 『현대 과학의 이정표』(Gbrain, 2010, 공역)가 있다.

논쟁

과학교과서에서
시조새를 빼라

"진화론 – 창조론 논쟁은 과학자들이 무시했다가
대응하기를 거듭하더라도 결코 사라지지 않을
영원한 주제다."

마시모 피글리우치, 『이것은 과학이 아니다』 중에서

2012년 6월 7일 우리나라 과학계가 전 세계의 주목을 받았다. 그러나 안타깝게도 획기적인 과학 이론이나 발견 때문이 아니라 세계 최초로 한국에서 "과학교과서에서 진화론을 빼라"는 창조론자들의 주장에 굴복했다는 뉴스 때문이다. 창조론자들이 진화론을 끈질기게 공격하는 것은 미국에서나 있는 일인 줄 알았는데 조용하던 한국에서 순식간에 '한 방'이 터진 것이다.

이날 세계적인 과학학술지 《네이처》에 올라온 이 기사의 제목은 '한

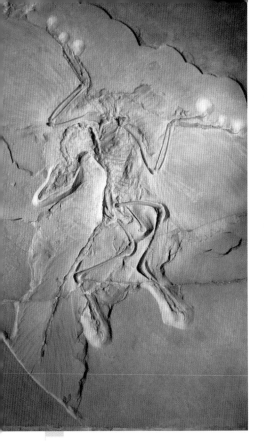

한때 '진화의 상징'이었던 시조새의 화석. 공룡과 새의 흔적을 함께 갖고 있는 원시 조류의 하나로 인정받고 있다. 그러나 시조새는 여전히 공룡에서 새로 진화하는 과정을 보여주는 화석으로 진화론을 뒷받침한다.

국, 창조론자 요구에 항복하다'로 네이처 홈페이지에 올라온 댓글들은 한국 정부와 과학교과서 출판사들의 결정에 대한 놀라움이 주를 이뤘다. 도대체 2012년 우리나라 과학계에서는 어떤 일이 있었던 걸까.

◉ **청원서 두 건 받아들여져** ＊ 2009년 기독교계 단체인 창조과학회 산하 교과서위원회와 한국진화론실상연구회를 통합한 '교과서진화론개정추진회[이하 교진추]'는 2011년 12월과 2012년 3월 각각 시조새와 말의 진화를 기술한 과학교과서 내용이 틀렸다며 '교육과학기술부 장관'을 수신처로 '개정 청원서'를 보냈다.

사실 기독교계 단체가 과거에도 수차례 이런 청원을 냈지만, 정부는 그때마다 '무시 전략'으로 대처해왔다. 우리나라는 종교의 자유를 보장하는 만큼 과학의 자유도 보장한다는 취지다. 그런데 이번에는 좀 달랐다. 청원서를 접수한 정부는 창구 역할에 만족한 채 과학교과서를 만드는 출판사에 청원서를 보내 '알아서' 처리하라고 지시했다. 그 결과 출판사 대부분의 2013년 개정 교과서를 낼 때 이 부분을 삭제하겠다고 답했다.

이 소식을 들은 과학자들은 펄쩍 뛰었지만 과학이슈에는 별로 관심이 없는 언론들은 이 사실을 거의 다루지 않았다. 이런 와중에 자유기고가인 박수빈 씨가 국내 상황을 취재해《네이처》에 기고한 글이 바로 6월 7일자 기사다. 기사가 나간 뒤 세계적 망신을 당했다는 사실을 알게 된 정부는 뒤늦게 사태수습에 나섰다.

한편 진화생물학자인 서울대학교 장대익 교수가 주도한 한국진화학회 추진위원회는 한국고생물학회와 함께 6월 20일 '교진추의 청원서에 대한 공식 반론문'을 발표해 교진추 주장의 문제점을 조목조목 반박했다. 장 교수는 "이런 청원서는 학문적인 면에서는 관련 과학단체가 응대해줄 가치가 없다"며 "다만 어떤 이유에서든 청원서의 요구가 받아들여진 상황이기 때문에 어쩔 수 없이 대응하는 것"이라고 배경을 설명했다.

시조새와 말의 진화 계열 찬·반 토론

시조새

교진추의 주장

시조새는 파충류와 조류의 중간 종이 아니다. 멸종된 새였거나 깃털 달린 공룡 또는 화석 자체가 위조된 것이다.

진추위의 반론

시조새는 수각류 공룡과 현생 조류의 중간적인 특징을 띄는 수많은 화석 가운데 하나다. 시조새를 비롯한 모든 원시 조류는 공룡에서 현생 조류로 진화하는 중간 종이다. 참고로 교진추는 파충류의 일부인 공룡의 일부가 진화한 것이 조류라는 걸 인식하지 못하고 파충류와 조류가 원래부터 별개인 대등한 집단으로 취급하는 오류를 범하고 있다. 지금까지 시조새 화석이 9개체나 발견된 상태에서 화석 위조 주장은 언급할 가치가 없다.

말의 진화계열

교진추의 주장

말이 몸집이 커지고 발가락이 감소하는 방향으로 점진적으로 진화했다는 말의 화석 계열(직선형 진화모델)은 사실이 아니라 상상의 산물이다.

진추위의 반론

말의 진화에서 덩치가 커지고 발가락이 감소한 것은 전체적인 경향이다. 다만 교진추의 주장대로 말이 단순하게 일직선으로 진화하지 않았다는 것은 1990년대 밝혀진 사실이다. 이는 말이 더 복잡하게 진화했다는 것이지 말의 진화 자체가 없었다는 건 아니다. 말은 더 많은 화석이 발견되면서 자세한 진화패턴이 밝혀지고 있다.

9월 5일 한국과학기술한림원은 '고등학교 과학교과서 진화론 내용 수정·보완 가이드라인'을 제시했다. 한림원은 회원 3명과 진화론 및 화석학 전문가 5명, 기초과학학회연합체 전문가 3명 등 총 11인으로 구성된 전문가협의회를 만들어 논의한 결과 '진화론은 현대과학의 가장 중요한 핵심이론'이라고 결론 내렸다. 다만 현 교과서에서 시조새나 말의 진화를 지나치게 단순화시킨 것이 빌미를 준 만큼, 이에 대한 개선책을 교과서 출판사에 제시했다. 출판사들은 전문가협의회의 개선책에 따라 2013년 교과서를 집필하기로 했다.

따라서 2011년 12월 청원서 제출을 시작으로 야기된 교과서 진화론 폐기 논란은 9개월만에 오히려 진화론 교육을 더욱 강화하는 쪽으로 결론이 나면서 마무리된 셈이다. 그런데 교진추는 시조새와 말의 진화와 관련해서 어떤 부분을 걸고 넘어졌고, 한림원 전문가협의회는 이에 대해 어떤 개선책을 내놓은 걸까.

◐ 시조새는 많은 원시조류 가운데 하나 ✳ 시조새 화석은 1861년

독일 바바리아 지역 쥐라기 지층에서 처음 발견됐다. 약 1억 5000만 년

전 살았던 것으로 추정되는 까마귀 크기의 시조새는 이빨이 있고 긴 꼬

리뼈에 앞발톱이 세 개가 있어, 두 다리로 걷는 육식형 수각류獸脚類 공룡

에 가까웠지만 새처럼 온몸이 깃털로 덮여 있었다. 시조새의 속명 아르

케아오프테릭스Archaeopteryx는 '고대의 날개'라는 뜻이다.

1868년 영국 생물학자 토머스 헉슬리는 "시조새는 파충류와 조류의

중간 단계"라고 말했다. 그는 이 화석이 당시 논란이 됐던 찰스 다윈의

진화론을 지지하는 강력한 증거라고 주장했고, 시조새는 진화의 상징이

됐다. 그러나 지난 수십 년 동안 수각류 공룡과 현생 조류의 중간적 특

징을 갖는 화석들이 잇달아 발견되면서 진화의 상징이던 시조새의 위상

이 많이 떨어졌다. 2011년 《네이처》에는 시조새보다 오히려 500만 년

정도 더 앞선 지층에서 발견된 원시조류 화석인 '샤오팅기아'가 공개됐

다. 샤오팅기아는 시조새와 비슷하게 생겼지만 시조새보다 조류에 더

가깝다. 따라서 연구자들은 "이들 화석을 비교 분석한 결과 시조새는

새보다는 공룡이다"라고 주장했다.

이런 이유로 교진추는 "시조새는 공룡과 조류를 잇는 중간 단계가 아

니어서 진화의 증거가 아니다"라는 주장하며 삭제를 요청했다. 한 걸음

더 나아가 시조새 화석이 위조된 것이라는 주장도 여전하다고 덧붙이고

있다.

이에 대해 과학자들은 교진추가 진화에 대해서 오해하고 있는 것이라

고 반박했다. 한국고생물학회 허민 회장전남대학교 지구환경과학부 교수은 "수각류 공

룡에서 조류가 진화해 나오는 과정에서 수많은 종의 생물이 나타나고 사

라졌을 것"이라며 "시조새는 그중 가장 원시적인 종의 하나"라고 말했다.

또 그는 "시조새가 현생 조류의 직계조상이 아닐 수도 있겠지만, 시조새

를 포함한 여러 원시 조류 화석들을 펼쳐놓고 보면 수각류 공룡에서 현생

조류로 진화하는 과정을 한눈에 볼 수 있다"고 말했다.

교진추의 시조새 화석 위조 문제 제기에 대해서는 한마디로 어이가

없다는 반응이다. 지금까지 발견된 시조새 화석이 아홉 점이나 되고 다

른 원시 조류 화석도 수없이 발굴되고 있는 상황에서 대꾸할 가치조차 없는 주장이기 때문이다.

한편 한림원 전문가협의회는 이번 사태의 배경에는 교과서가 시조새나 말의 진화를 지나치게 단순화시켜 다루면서 빌미를 제공한 면도 있다고 보고 이에 대한 개선책을 교과서 출판사에 제시했다. 전문가협의회가 제시한 가이드라인은 시조새를 '현생 조류로 진화하는 상징적인 화석'이라고 규정했다. 즉 현재의 시점에서는 시조새가 공룡과 현생 조류 사이를 잇는 수많은 화석 가운데 하나에 불과하지만 최초로 발견된 화석이라는 점에서 과학사적으로 가치가 여전하다는 것. 다만 일부 교과서의 표현이 시조새를 파충류와 조류 사이의 '유일한 중간 종'으로 오해할 수 있게 할 수 있는 만큼 이에 대한 보충이 필요하다고 지적했다.

◎ **1990년대 새로 쓰인 말의 진화** ✳ 교진추는 2012년 3월 제출한 청원서에서 "말이 몸집이 커지고 발가락이 감소하는 방향으로 점진적으로 진화했다는 말의 화석 계열은 사실이 아니다"며 삭제를 요청했다. 말의 진화는 '상상의 산물'이라는 것이다.

깃털공룡과 새의 진화 논쟁 150년

150년 전인 1861년 시조새 화석이 처음 공개된 뒤, 이 동물이 공룡인지 최초의 새인지 논쟁이 이어졌다. 새의 진화 경로에 대한 논란도 끊이지 않았다.

논란
1861
독일 바바리아 지역 쥐라기 지층에서 깃털 화석 발견. 이어 온전한 '아르카에오프테릭스 (시조새)' 화석 발견. 연대 1억 5000만 년 전.

새
1868
영국 생물학자 토머스 헉슬리, "시조새는 파충류와 조류의 중간 단계로 진화의 증거" 주장.

공룡
1926
덴마크 생물학자 게르하르트 헤일만, '새의 기원'을 통해 "차골로 진화할 수 있는 쇄골이 없기 때문에 공룡에서 새로의 진화는 불가" 주장.

새
1964
미국 고생물학자 존 오스트롬, 수각류 '데이노니쿠스' 발굴. 5년 뒤 새와 수각류 발목 구조가 닮았다며 새의 공룡기원설 지지.

새
1991
몽골 고비사막에서 쇄골이 변형된 차골을 가진 수각류 '벨로키랍토르' 발굴. 헤일만 주장 부정.

공룡
1996
에이비알래에 속하지 않는 최초의 깃털공룡을 중국 랴오닝성에서 발굴(시노사우롭테릭스).

이에 대해 과학자들은 말의 진화 문제는 진화론의 결함이 아니라 현 교과서에 수록된 내용이 지나치게 단순화되면서 생긴 것이라고 설명했다. 즉 현재 교과서에 나온 것처럼 말은 5500만 년 전 개 크기의 동물인 '하이라코테리움'에서 단순히 몇 단계를 거쳐 곧바로 진화한 것이 아니다. 실제로는 훨씬 복잡한 과정을 거쳐 진화가 진행됐다는 화석 증거가 쏟아져 나왔고 학계에서는 이를 바탕으로 1990년대 말의 진화에 대해서 새롭게 이론을 정립했다. 그렇기 때문에 과거 내용을 기술한 교과서를 가지고 말의 진화가 상상의 산물이라고 주장하는 것은 억지라고 입을 모았다.

교진추는 '말이 몸집이 커지고 발가락이 감소하는 방향으로 진화했다'는 것은 사실이 아니라고 말하지만 전체적으로 봤을 때는 맞는 말이다. 물론 진화 과정에서 어떤 경우는 발가락 수가 줄어들지 않거나 심지어 다시 몸집이 작아진 종이 나타나기도 했지만 예외적인 경우에 속하고 그런 계열들은 모두 멸종했다.

말의 진화 문제에 대해 한림원 전문가협의회는 생물 종 진화는 특정 목적을 가지고 직선형으로 이뤄진 게 아니라 나뭇가지가 뻗어나가듯 복

논란
1997
오비랍토사우르 류에 속하는 깃털공룡을 '프로타카에옵테릭스' 발굴(중국).

논란
2000
뒷다리에도 깃털이 나 날개가 넷인 깃털공룡 '마이크로랍토르' 발굴(중국). 활강을 통해 하늘을 날았을 것으로 추정.

논란
2005
시조새보다 앞선(1억 5400만 년 전) 수각류 깃털공룡(페도펜나) 발굴(중국).

논란
2007
벨로키랍토르에도 깃털이 있다는 사실 확인.

공룡
2009
가장 오래된 깃털공룡(1억 6000만 년 전) '안키오르니스 훅슬레이아이' 발굴(중국).

논란
2010
안키오르니스 훅슬레이아이의 색소 연구 통해 깃털 색상 재현.

공룡
2011
1억 6000만 년 전 수각류 깃털공룡 '샤오팅기아' 발견.

잡한 관목형을 따라 이뤄졌다는 점을 인식시켜야 한다고 개선책을 내놓았다. 한편 말의 진화처럼 고등학교 교과과정에서는 실상을 보여주기가 매우 복잡한 때는 고래처럼 좀 더 알기 쉬운 진화의 예로 바꾸는 것도 한 방법이 될 것이다. 고래는 뭍에서 살다가 다시 바다로 돌아간 진화의 경로가 골격에 그대로 남아 있기 때문이다.

○ 진화론에 대한 인식 나아지고 있어 ∗

이번 사태를 계기로 우리나라 사람들의 진화론에 대한 인식을 알아보는 설문조사가 실시돼 관심을 모았다. 생물학연구정보센터[BRIC]는 생물학 관련 과학기술자 회원을 상대로, 한국 갤럽은 일반인을 상대로 조사를 실시했다.

생물학연구정보센터가 2012년 6월 11일~15일 회원을 상대로 실시한 긴급 온라인 설문에서 응답자 1474명 가운데 86%는 출판사들이 시조새 내용을 삭제하기로 결론을 내린 것은 '문제다'라고 답했다. 진화론이 과학교과서에 포함돼야 한다는 답변도 86%로, 삭제돼야 한다는 의견[11%]을 압도했다. 또 이런 요청이 접수됐을 때는 '교과부가 검증 절차를 주도적으로 감독해야 하며[76%], 수정·보완 요청이 있을 경우는 관련 학회나 전문가 집단이 검증에 참여해야 한다[72%]'고 주문했다.

한편 2012년 7월 23일 발표한 한국갤럽의 진화론에 대한 여론조사 결과를 보면 '진화론'을 믿는다는 비율이 45%로 11년 전인 2001년 조사 결과인 29%보다 16%나 높아졌다. 반면 창조론을 믿는다는 비율은 32%로 11년 전 36%보다 약간 줄었다.

흥미롭게도 종교가 있는가 여부와 믿고 있는 종교에 따라 진화론과 창조론을 믿는 비율이 큰 차이가 있었다. 종교가 없는 사람들의 경우 진화론:창조론이 63:17로 진화론을 지지하는 비율이 훨씬 높았다. 불교

말 진화도의 진화

여러 지질시대에 걸쳐 있는 말 화석은 생물 진화 과정을 잘 보여주는 사례다. 아래 그림은 1926년 윌리엄 매튜가 발표한 논문을 기초로 한 '점진적인 직선형 진화'를 보여준다. 그러나 실제 말의 진화는 이보다 훨씬 복잡한 '관목형 진화'(17쪽)를 거쳤고 이 과정에서 수많은 종이 나타나고 사라졌다. 말 진화 대부분이 북미에서 이뤄졌음을 알 수 있다.

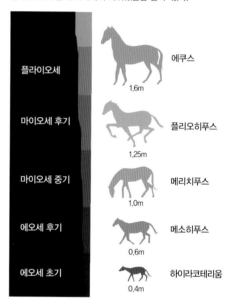

플라이오세	에쿠스 1.6m
마이오세 후기	플리오히푸스 1.25m
마이오세 중기	메리치푸스 1.0m
에오세 후기	메소히푸스 0.6m
에오세 초기	하이라코테리움 0.4m

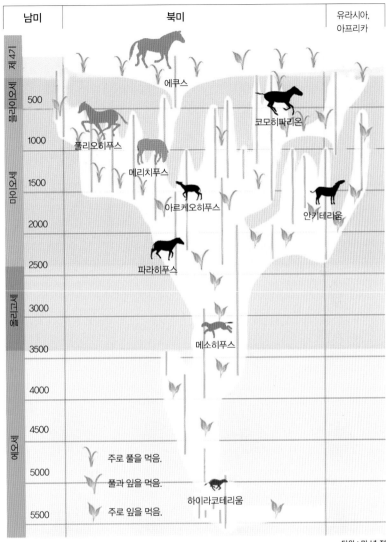

남미	북미	유라시아, 아프리카

에쿠스

코모히파리온

플리오히푸스

메리치푸스

아르케오히푸스

안키테리움

파라히푸스

메소히푸스

주로 풀을 먹음.

풀과 잎을 먹음.

주로 잎을 먹음.

하이라코테리움

단위 : 만 년 전

도도 역시 46:16으로 진화론 비율이 꽤 높았는데 다만 모른다거나 의견이 없다는 응답자가 37%로 꽤 높았다. 아마도 죄를 짓고 죽으면 축생으로 다시 태어난다는 불교의 윤회사상으로 진화론에 대한 거부감이 덜하기 때문으로 보인다. 기독교도는 예상대로 창조론을 지지하는 비율이 높았는데 특이하게도 천주교냐 개신교냐에 따라 차이가 꽤 있었다. 즉 천주교도는 31:42인 반면 개신교도는 14:75로 창조론을 지지하는 비율이 훨씬 높았다.

말의 진화

5500만 년 전

하이라코테리움 *Hyracotherium*

약 5500만 년 전 나타난 고양이만 한 동물로 앞발가락이
넷, 뒷발가락이 셋이다. 예전에는 말의 가장 초기 조상으로
알려졌으나 다른 화석이 나오면서 말의 직접 조상이
아니라 말과 맥, 코뿔소의 공통 조상인 원시 기제류(발굽이
있고 뒷발 발가락이 홀수 개인 동물)로 밝혀졌다.

5000만 년 전

오로히푸스 *Orohippus*

약 5000만 년 전 나타난 초기 말로 크기나 외형에서
하이라코테리움의 특징이 많이 보인다. 하지만 맨 뒤
앞어금니가 어금니 형태로 바뀌어 질긴 식물을 잘게 부술
수 있는 이빨을 지녔다는 게 큰 차이점이다. 주둥이가 좀
더 길어지면서 얼굴에서 말의 느낌이 나기 시작한다.

4000만 년 전

메소히푸스 *Mesohippus*

약 4000만 년 전 출현한 메소히푸스는 독일 셰퍼드만
한 크기에 목이 길어졌고 주둥이와 얼굴도 뚜렷하게
길어졌다. 앞어금니 3개가 모두 어금니화해 총 6개의
어금니로 거친 식물도 갈 수 있게 진화했다.

2300만 년 전

안키테리움 *Anchitherium*

약 2300만 년 전 나타난 안키테리움은 몸통과 목, 다리가
길어지면서 좀 더 말에 가까웠다. 하지만 어금니는 여전히 낮아
주로 나뭇잎을 먹고 살았던 것으로 보인다. 유럽과 아시아까지
퍼져나가 1000만 년 동안 생존했다. 현생 말의 조상은 아니다.

1700만 년 전

메리치푸스 Merychippus
약 1700만 년 전 나타난 메리치푸스는 기후변화로 북미대륙이
초원으로 바뀌면서 포식자에 노출된 환경에서 살아남을 수 있고
거친 풀을 먹을 수 있게 진화했다. 즉 몸이 더 커지고 다리도 더
길어졌다. 다리뼈와 근육 구조는 빨리 달리는데 적합하게 바뀌었다.
어금니는 높아지고 시멘트질이 발달해 마모에 견딜 수 있었다.

1400만 년 전

히포테리움 Hippotherium
약 1400만 년 전에 나타난 히포테리움은 메리치푸스에서
분화한 3그룹 가운데 히파리온에 속해 현생 말의 조상은
아니다. 발가락은 아직 3개이지만 가운데 발굽이 몸을 지탱한다.
키가 150cm에 이를 정도로 커졌고 이빨도 커지고 높아졌다.
히파리온류는 유라시아, 아프리카까지 퍼졌으나 모두 멸종했다.

1200만 년 전

디노히푸스 Dinohippus
약 1200만 년 전 나타난 디노히푸스는 플라이오세 후기에
북미에서 가장 번성한 종류로 현생 말의 조상으로 여겨진다.
발굽이 하나이고 몸 구조와 외모가 현생 말과 거의 같다.
두개골 형태에서 현생 말과 다소 차이를 보인다.

400만 년 전

에쿠스 Equus
약 400만 년 전 나타난 에쿠스는 목과 다리, 주둥이가 길고
턱이 깊다. 디노히푸스보다 뇌가 더 컸고 이빨도 더 강했다.
처음에는 조랑말 크기였으나 진화하면서 몸집이 큰 종류도
나왔다. 260만 년 전 말류의 대멸종에서 유일하게 살아남은
속으로 현재 살아있는 8종은 모두 여기에 속한다.

한편 과학교과서에 시조새가 '계속 실려야 한다'는 비율이 42%, 삭제돼야 한다는 비율이 19%, 모른다거나 의견이 없다는 비율이 39%로 생물학 관련 과학기술자들의 답변과 큰 차이를 보였다. 일반인들 다수가 진화의 개념을 정확히 모르는 경우가 많음을 잘 보여주는 결과다.

설문결과에 대해 기초과학학회연합체 회장인 서강대학교 화학과 이덕환 교수는 "진화론에 대한 우리의 인식은 결코 만족스럽지 못하다"며 "진화론과 창조론을 서로 대립되는 과학 이론으로 인식하는 사람도 많다"고 말했다. 이 교수는 "그동안 진화론의 교육과 홍보에 충분히 노력하지 못했던 과학계의 뼈아픈 반성이 필요하다"며 "진화론에 대한 대중적 관심을 유도하려는 노력만으로는 진화론의 과학적 의미와 가치를 정확하게 인식시켜 줄 수 없다"고 덧붙였다.

일반인에 대한 설문조사 결과는 미국과도 큰 차이를 보이지 않는데 현재 세계 과학을 이끌고 있는 미국 역시 진화론 지지자들이 40%대에 머물고 있다. 사실 20세기 들어 미국의 많은 과학자가 진화론을 발전시키는 데 기여했지만 진화론에 반대하며 창조론을 지키는 노력이 가장 활발한 곳도 역시 미국이다. 이번 과학교과서 진화론 삭제 논란을 계기로 진화론-창조론 논쟁의 역사를 잠깐 살펴보자.

◉ 1925년이 창조론자들의 정점 ✱ '분류학의 아버지'라 부르는 18세기 스웨덴의 생물학자 카를 린네는 이명법을 고안해 생물을 체계적으로 분류해 훗날 진화론자들에게 큰 도움을 줬지만 역설적으로 본인은 확고한 창조론자였다. 하느님이 창조한 생물들을 체계적으로 정리하는 것이 그의 역할이었던 것이다. 유럽에서 창조론이 위기를 맞게 된 건 1859년 찰스 다윈의 「종의 기원」이 출간되면서 부터다.

물론 출간 직후에는 다윈이 놀림감이 될 정도로 진화론은 낯선 개념이었지만 그 뒤 생물학과 지질학이 비약적으로 발전하면서 점차 진화론은 과학으로서 자리를 굳혀나갔다. 갈릴레오 갈릴레이의 파문으로 상징되는 로마 가톨릭의 과학 억압 역사를 안고 있는 유럽에서는 더는 종교가 과학의 발목을 잡지 못했다.

1859년 찰스 다윈의 「종의 기원」이 출간되면서 창조론은 위기를 맞게 됐다.

『종의 기원』을 출간한 찰스 다윈은 진화론과 창조론의 끝없는 논쟁에 불을 붙였다.

그러나 신대륙 아메리카로 떠난 개신교도들에게는 그런 트라우마가 없었다. 이런 상태에서 점차 학계로 침투하며 세력을 뻗치고 있는 진화론을 지켜보면서 성서에 충실한, '창조론 수호자'를 자처하는 근본주의 개신교도들은 이를 반드시 몰아내야 할 위협으로 간주하고 본격적으로 행동하기 시작했다.

1920년대 들어 몇몇 주에서 진화론을 학교에서 가르치는 데 반대하는 움직임이 본격적으로 일어났고 그 결과 테네시를 비롯해 5개 주에서 진화론 교육을 제한하는 법률이 통과됐다. 그러나 미국 전체로 봤을 때 이 시기는 대중에게 중등교육을 받을 기회가 생기면서 학교에서 진화론에 대해 알게 된 사람들이 급증하고 있었다.

그런데 1925년 봄 테네시 주의 소도시 테이튼의 한 고등학교의 생물학 교사 존 스코프스가 얼마 전 불법화된 진화론을 가르쳤다는 이유로 재판을 받게 됐다. 훗날 '스코프스 재판'으로 역사에 남은 이 재판에서 존 스코프스는 유죄판결을 받아 미국뿐 아니라 세계(유럽)를 경악시켰다. 이 재판은 여러 차례 영화로도 만들어졌는데 아무튼 창조론자들의 입김이 유독 강했던 테네시 주에서는 1967년에 이르러서야 진화론 교육을 금지하는 법이 완전히 철회됐다.

그러나 이 재판을 끝으로 창조론자와 진화론자의 법정 싸움은 진화론자의 승리로 끝이 나는 일이 반복됐다. 이 과정에서 창조론자들의 전략도 '진화'를 거듭해 처음의 노골적인 진화론 반대 주장에서 학교에서 진화론과 창조론을 함께 가르쳐 교육의 다양성을 보장해야 한다는 주장으로 변신하기도 했다. 특히 창조론이라는 종교 용어가 지닌 비과학성을 우회하기 위해 '지적설계론'이라는 용어를 만들어내기도 했다.

2004년 펜실베이니아 주 소도시 도버의 교육청은 "학생들에게 진화에 관한 이론들의 허점과 문제점을 알게 할 것이다"라는 결정을 내려 법정소송으로 번졌다. 창조론자들이 '조용히 살고 싶어 하는' 지역 공무원들의 무관심 속에서 3년에 걸쳐 서서히 교육청을 잠식해 들어가 일궈낸 성과였다. 그러나 독실한 개신교 신자인 당시 조지 부시 대통령이 임명한 보수 성향의 존 존스 판사는 혹시나 하는 창조론자들의 기대를 저버리고 2005년 12월 창조론자들에게 패배를 안겨준 판결을 내렸다.

이런 법정에서의 승리에도 불구하고 교육계에서 진화론은 여전히 고전하고 있다. 진화론을 가르치기를 꺼리는 생물 교사들이 적지 않기 때문이다. 미국 펜실베이니아 주립 대학교 정치과학과 에릭 플루처 교수 팀은 2011년 과학학술지《사이언스》에 발표한 논문에서 그 실상을 잘 보여줬다. 즉 미국 생물 교사의 28%만이 확고하게 진화론을 지지하고 있고 13%는 창조론을 믿고 있다. 나머지 60%는 어느 쪽도 아닌 유보적인 입장이다. 그러다 보니 학교에서 교과서에 나와 있는 진화론 내용조차 제대로 가르치고 있지 않고 있다. 그 결과 학생들이 진화론에 대한 올바른 지식을 얻을 기회를 갖지 못하고 이런 악순환 속에서 미국인의 절반가량이 '아담과 이브'를 인류의 조상이라고 진지하게 믿는 일이 빚어졌다. 따라서 생물 교사들에 대한 진화론 교육부터 제대로 해야 한다고 플루처 교수는 주장하고 있다.

◉ **종교는 왜 과학이 되려 하는가** ✳ 미국 연방대법원은 1987년 창조론은 과학이 아니라 종교라고 판단했다. 따라서 학교에서는 창조론을 가르칠 수 없게 된 셈이다. 왜냐하면 미국의 수정헌법에 따르면 미국 정부는 특정 종교를 지지하거나 국민에게 강요할 수 없고 억압할 수도 없기 때문이다. 학교에서 창조론宗教를 가르치는 건 헌법 위반이다.

이는 우리나라도 마찬가지로 교진추도 이 사실을 잘 알고 있다. 따라서 창조론을 전면에 내세울 경우 청원서가 받아들여질 가능성이 없기 때문에 청원서에서는 현재 교과서에서 가르치는 진화론의 결함을 부각하면서 '이렇게 불확실한 진화론이 확고히 증명되기 전까지 교과서에서 다루지 않는 것도 한 방법'이라고 제안하고 있다.

미국 뉴욕 시립 대학교의 철학과 교수인 마시모 피글리우치는 그의 책 『이것은 과학이 아니다』에서 창조론자들을 "자신의 이데올로기적 견해를 국가 전체의 헌법적 약속보다 더 위에 두려는 엄청난 이기심"을 지닌 사람들로 규정했다. 그는 진화론-창조론 논쟁을 종교 대 과학 또는 종교 대 무신론의 문제가 아니라 "기독교 근본주의를 따르는 특정 그룹의 종교적 편견과 불관용의 문제일 뿐"이라고 진단했다.

그렇다면 창조론자들은 학교에서 진화론을 가르치는 문제를 반박할 자격조차 없는 것일까. 지금의 방식대로라면 '그렇다!' 왜냐하면 과학 내용에 대한 반박은 과학적 방법에 따라 제기돼야 하기 때문이다. 교진추의 청원서처럼 진화론을 반박할 수 있는 과학 증거는 전혀 제시하지 않으면서 기존 과학문헌을 교묘히 발췌 인용해 과학자들 사이의 '진화론 각론에 대한 논쟁'을 '진화론 여부에 대한 논쟁'으로 왜곡시키는 행태는 적어도 과학계 그리고 교육과학기술부에서는 받아들여서는 안 된다.

그렇다면 종교와 과학의 구분하는 기준은 무엇인가? 피글리우치 교수는 "과학적 연구의 근본 가정은 초자연적 요소를 배제해야 한다는 것"이라고 설명한다. 즉 신을 개입시키면 모든 자연현상을 설명할 수 있지만 그건 실제로는 아무 것도 설명할 수 없는 것과 마찬가지기 때문이다. 물론 과학이 모든 것을 설명할 수 있다고 주장하는 건 아니다.

피글리우치 교수는 "이는 초자연현상이 존재하지 않는다는 말과는 다르다"며 "단지 어떤 의미에서 자연적 원인과 실증적 증거만을 다룰 수 있는 과학의 한계를 인정하는 개념"이라고 설명했다. 즉 과학교과서에서 진화론을 다루지만 창조론을 엉터리라고 말하지 않는 이유다. 진화론은 수많은 관찰과 증거를 바탕으로 확립된 과학이지만 창조론은 종교의 영역이기 때문이다. 이런 기본 에티켓을 종교인들도 지켜준다면 소모적인 진화론-창조론 논쟁은 더는 일어나지 않을 것이다.

이덕환 교수는 "이번 진화론 논란을 통해 과학교과서의 진화론을 다듬을 수 있게 된 것은 다행"이라며 "국제적으로 망신을 당하기는 했지만 우리 과학계가 늦게라도 과학교육 문제의 해결에 적극적으로 나서게 된 것도 다행"이라고 말했다. 이 교수는 "이번 논란을 계기로 과학과 종교가 서로 상대의 영역을 존중하면서 우리 사회의 진정한 발전을 위한 상생의 노력을 시작해야 한다"고 덧붙였다.

뉴욕시립대 철학과 마시모 피글리우치 교수는 그의 저서 『이것은 과학이 아니다』에서 진화론과 창조론의 논쟁은 결코 사라지지 않을 주제라고 강조했다.

힉스

02

필자 **이강영**

1988년 서울대학교 물리학과를 졸업하고 KAIST에서 입자물리학 이론을 전공하여 1996년에 박사학위를 받았다. 건국대학교, 고려대학교, KAIST 연구교수 및 고등과학원, 서울대학교 이론물리학연구센터, 연세대학교 연구원을 거치며 힉스 보존, LHC 실험에서의 현상론, 암흑물질, 게이지 이론 등에 관해 60여 편의 논문을 발표했다. 현재 경상대학교 물리교육과 교수로 재직 중이다. 지은 책으로는 『보이지 않는 세계』(휴머니스트, 2012), 『LHC 현대물리학의 최전선』(사이언스북스, 2011) 등이 있다. 『LHC 현대물리학의 최전선』으로 52회 한국출판문화상 저술(교양)부문을 수상했다.

입 자

세상은 무엇으로 이루어져 있는가?

2012년 세계 과학계에서 가장 중요한 소식은 무엇이었을까? 아마도 많은 과학자들은 올해의 가장 화려하면서도 중요한 과학적 사건으로 7월 4일, 스위스 제네바 근처에 위치한 유럽입자물리연구소CERN에서 힉스 보손이 거대강입자가속기Large Hadron Collider, LHC를 이용해서 발견됐다고 발표한 것을 꼽을 것이다. 그런데 대체 힉스 보손이란 무엇이며, 그것이 어디에 숨

평생을 바친 이론이 증명됐을 때 두 노교수의 심정은 어땠을까? 앙글레르 교수(왼쪽)와 힉스 교수가 축하를 받으며 서로 이야기를 나누고 있다.

어 있다가 이제야 발견되었다는 것일까? 그리고 힉스 보손이 발견돼서 과연 앞으로의 세상은 어떻게 되는 것일까?

다른 과학적 이슈에 비해서 유독 힉스 보손에 대해서는 감이 잘 오질 않을 것이다. 머릿속에 힉스 보손이란 것을 그려보려고 해도 잘 되지 않다. 그 이유는 힉스 보손이란 기본입자의 하나이며, 힉스 보손을 발견하

거대강입자가속기(LHC)의 검출기 중 하나인 CMS의 연구팀이 한 자리에 모여서 기념 촬영을 했다. 우리나라를 포함해 41개국 4065명의 과학자와 기술자가 연구에 참여했다.

는 일은 기본입자 수준의 문제이기 때문이다. 그럼 기본입자란 무엇이며, 왜 우리는 그런 것들을 생각하는 것일까? 먼저 기본입자에 대해서 이야기해보자.

기본입자를 찾아서 ＊ 기본입자라는 개념은 인간이 눈에 보이지 않는 것에 대해 추상적인 생각을 할 수 있게 되면서부터 시작된 어떤 질문의 답이다. 그 질문이란 '세상은 무엇으로 이루어져 있는가?'라는 것이다. 아주 옛날에는 불이라든가 물이라든가 하는 특별한 물질이 세상을 이루는 근본이라고 생각했다. 그러다가 근대에 들어오면서 자연과학이 발전하고 각 물질의 근본이 되는 원소가 존재한다는 생각을 하게 되었다. 이를 원자라고 불렀다. 원자는 고대 그리스 시대의 데모크리토스란 철학자가 기본입자라는 개념을 고안하면 만든 이름이다.

20세기에 들어와 과학기술이 더욱 발전하면서 원자가 물질을 이루는 것은 맞지만, 원자가 물질의 기본입자는 아니며 원자도 속에 다른 구조를 가지고 있다는 것을 알게 됐다. 특히 영국의 러더퍼드가 방사선 중 알파선을 금박에 쏘아 알아낸 바에 의하면, 원자 내부에는 작고 무거우며 (+) 전기를 가진 원자핵이 존재했다. 그러니까 원자는 원자핵과 전자가 태양과 지구처럼 전기력으로 묶여 있는 상태였다. 단 태양−지구와 원자를 완전히 똑같이 생각하면 곤란한데, 그 이유는 원자 크기의 세상은 뉴턴역학이 아니라 양자역학으로 설명해야 하기 때문이다. 아무튼 이제 기본입자는 원자핵과 전자가 됐다.

그러나 연구가 거듭되자 원자핵은 (+) 전기를 가진 양성자와 전기가 0인 중성자로 이루어져 있다는 것이 밝혀졌다. 즉 원자핵의 종류는 원자핵을 이루고 있는 양성자와 중성자의 개수에 따라 정해지는 것이다. 이제 기본입자로 여겨지는 것은 양성자, 중성자, 전자가 됐다. 그러면 양성자나 중성자는 과연 기본입자일까? 이를 알아보기 위해 물리학자들은 가속기를 이용해 양성자를 깨 보았다. 그랬더니 과연 새로운 입자가 나오기 시작했다.

그런데 이 입자들은 좀 이상했다. 양성자를 깨서 나왔으니 양성자 속에 들어 있는 입자라고 생각해야 할 텐데, 아무래도 그렇게 보이지 않는 것이었다. 심지어 양성자보다 더 무거운 입자까지 나오기 시작했다. 그러니까 양성자와 중성자를 포함해서 만들어진 입자들 모두가 다 기본입자처럼 보이기 시작했다. 즉, 다른 내부 구조가 없이 서로가 서로를 만들어내는 것처럼 보인 것이다. 그런데 그런 입자의 수가 지나치게 많았다. 그뿐 아니라 에너지가 높아질수록 자꾸 새로운 입자가 나타나는 것이었다. 이런 입자가 기본입자일까? 물리학자들은 혼란스러웠다. 이것이 1950년대에서 1960년대까지의 이야기다.

1960년대에 미국의 머리 겔만과 그 외 여러 물리학자들이 당시 알려진 기본입자들의 여러 가지 현상을 자세히 연구하면서 돌파구가 생기기 시작했다. 아무래도 이 입자들의 행동에 어떤 패턴이 있고, 따라서 이 입자들도 역시 기본입자가 아니라 무엇인가로 만들어진 입자 같다는 것이었다. 겔만은 알려진 입자들을 만들어내는 더 근본적인 기본입자를 제시했고, 이들을 쿼크라고 이름 붙였다. 이후 여러 실험에 의해서 양성자와 같은 입자가 쿼크로 이루어졌음이 증명됐고, 지금 우리는 쿼크와 렙톤_{전자와 비슷한 성질을 가지는 입자들}을 물질을 이루는 기본입자라고 생각하고 있다. 즉 쿼크와 렙톤이 서로 상호작용을 해서 이 세상을 만들고 있는 것이다. 그러면 어떤 상호작용을 하는 것일까?

○ **자발적 대칭성 깨짐** ＊ 20세기에 걸쳐서 물리학자들은 기본입자를 밝히는 한편, 자연을 이루는 법칙의 근원에 네 가지 힘, 혹은 네 가지 상호작용이 있다는 것도 확인했다. 우리가 언제나 느끼는 '중력', 우리 눈에 보이는 대부분의 현상을 일으키는 원인인 '전자기력', 그리고 원자핵을 이루는 '강한 핵력'과 입자를 바꿀 수 있는 독특한 '약한 핵력'이 그 네 가지 힘이다.

약한 핵력 또는 약한 상호작용은 원자핵의 베타붕괴나 우주선^{cosmic ray}을 관찰할 때 보는 파이온과 뮤온의 붕괴 등을 제외하면 지구에서는 보기 어려운 상호작용이다. 그래서 우리 삶과는 거리가 먼 힘이라고 생각하기 쉽다. 그러나 사실 지구의 생명체가 살아가는 것은 약한 상호작용 덕분이라고 해도 과언이 아니다. 바로 태양이 타오르는 과정이 약한 핵력에 의한 반응이기 때문이다. 약한 핵력은 다른 상호작용과는 뚜렷이 구별되는 힘이다. 첫째로 약한 상호작용을 통하면 중성자가 양성자로, 혹은 뮤온이 전자로 바뀌는 등 입자의 종류가 바뀐다. 둘째로 약한 핵력은 강한 핵력과 함께 원자핵 이하의 아주 작은 크기에서만 일어난다. 마지막으로 이 힘은 아주 약하다. 전자기력의 크기를 1이라고 하면 강한 핵력은 1만 배 이상이고, 약한 핵력은 100만 분의 1 정도에 불과하다.

물리학이 이론적으로 발전하면서 물리학자들은 자연현상 속에서 더욱더 심오한 수학적 의미를 발견해냈고, 또 그로 인해 자연을 더 깊이

미국의 이론물리학자 머리 겔만은 1964년 소립자들이 쿼크로 이루어져 있다는 '쿼크 이론'을 제시했다. 이 업적으로 1969년 노벨 물리학상을 수상했다.

이해하게 됐다. 현대 이론물리학의 가장 중요한 개념은 대칭성이다. 그러니까 이론물리학자가 보기에 우주의 근본적인 작동 및 존재 원리가 대칭성이라는 것이다. 자연현상은 대칭성의 표현일 뿐이며 사람들이 자연에서 발견해낸 물리 법칙들은 대칭성에서 비롯되는 보손 법칙이다. 네 가지 근본적인 힘 중에서

중력을 제외한 나머지 세 힘은 게이지 대칭성이라는 방법을 통해서 정확히 설명된다. 게이지 대칭성을 이용해서 전자기 이론이 올바른 양자역학 이론으로 정립됐고, 이후 게이지 이론으로 다른 힘들까지 설명할 수 있게 됐다.

그런데 우리가 주변을 둘러보면 곧 느낄 수 있듯이, 자연의 대칭성은 늘 정확하게 남아 있는 것이 아니고, 많은 경우 현실에서는 대칭이 깨져 있다. 그 결과로 우리는 더욱 풍부한 자연현상을 보게 되는 것이다. 대칭성이 깨지는 방식 중에서 자발적 대칭성 깨짐spontaneous symmetry breaking이라는 과정은 특히 중요하다. 1928년 하이젠베르크는 강자성ferromagnetism, 철이나 니켈처럼 영구자석이 되는 금속의 자기적 성질을 설명하면서 이 아이디어를 처음 제안했다. 1947년 구소련의 보골류보프가 낮은 온도에서 유체의 점성이 사라지는 현상인 초유동현상을 설명하면서, 또 역시 구소련의 긴즈버그와 란다우가 1950년 금속의 전기 저항이 낮은 온도에서 0이 되는 현상인 초전도를 설명하면서 이들 과정에서 자발적 대칭성 깨짐이 일어남을 지적했다. 초전도현상의 이론은 1957년 미국의 존 바딘, 리언 쿠퍼 그리고 바딘의 대학원생 슈리퍼에 의하여 완성되었는데, 이 이론은 그들의 이름을 따서 BCS 이론이라 부른다. BCS 이론은 물성에 관한 이론의 금자탑이다.

자발적 대칭성 깨짐의 아이디어를 간단히 살펴보기 위해서 하이젠베르크의 강자성 이론을 생각해 보자. 강자성 물질은 아주 작은 자석들이 모여서 이루어진 것으로 생각하면 된다. 자성을 갖지 않는 보통의 경우에는 이들 자석들이 제각각 다른 방향을 향하고 있어서 전체적으로는 자성이 서로 상쇄되는 것으로 보인다. 이럴 때 이 물질에 대해서는 특정한 방향을 정할 수가 없다. 즉 방향에 관해서 대칭적이다. 그런데 온도가 점점 내려가면 작은 자석들은 점점 같은 상태가 돼 한 방향으로 정렬하게 되고, 마침내 가장 낮은 에너지 상태가 되면 전체가 모두 같은 방향이 된다. 그렇게 되면 이제 특정한 방향성이 생겼으므로, 원래 가지고 있었던 방향에 대한 대칭성이 깨진 것이다. 이와 같은 방식으로 더 낮은 에너지 상태를 택하면서 대칭성이 깨질 때 우리는 대칭성이 자발적

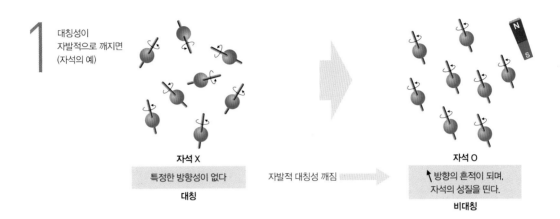

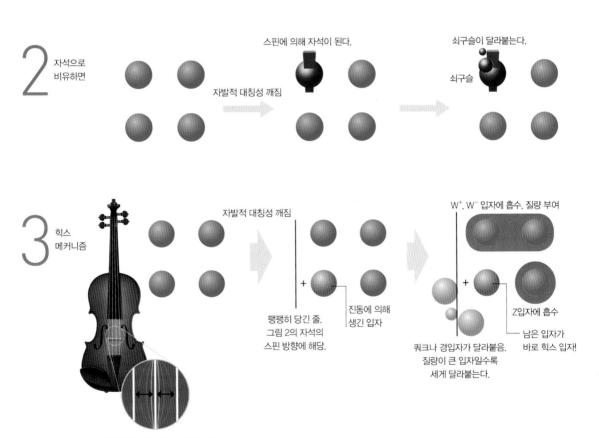

입자에 질량을 주는 '힉스 메커니즘'

1 대칭성이
자발적으로 깨지면
(자석의 예)

자석 X
특정한 방향성이 없다
대칭

자발적 대칭성 깨짐

자석 O
↑ 방향의 흔적이 되며,
자석의 성질을 띤다.
비대칭

2 자석으로
비유하면

스핀에 의해 자석이 된다.

쇠구슬이 달라붙는다.

자발적 대칭성 깨짐

쇠구슬

3 힉스
메커니즘

자발적 대칭성 깨짐

W⁺, W⁻ 입자에 흡수, 질량 부여

+

팽팽히 당긴 줄.
그림 2의 자석의
스핀 방향에 해당.

진동에 의해
생긴 입자

+

쿼크나 경입자가 달라붙음.
질량이 큰 입자일수록
세게 달라붙는다.

Z입자에 흡수

남은 입자가
바로 힉스 입자!

느슨하던 줄을 팽팽히 하고 튕기면 줄이
진동한다. 원래 줄 주변에 진동하는
새로운 줄이 생긴 것과 같다고 본다.
(양자역학적으로 진동하는 입자가 생긴다)

spontaneously으로 깨졌다고 부른다. 이때 작은 자석들이 어느 방향을 택하는지는 물리적인 이유로 결정되는 것이 아니다. 방향은 전적으로 우연에 의해 정해진다.

1960년 미국 시카고 대학교의 남부 요이치로는 자발적으로 깨지는 대칭성이라는 아이디어를 입자물리학에 처음 도입했다. 이듬해 제프리 골드스톤은 남부의 모델처럼 상대론적인 이론에서 대칭성이 자발적으로 깨질 경우에는 반드시 질량이 없고 스핀이 0인 입자가 하나 나타나야 함을 증명했다. 이를 '골드스톤의 정리'라고 하며, 이때 나타나는 질량이 없는 입자를 그의 이름을 따서 '골드스톤 보손'이라고 부른다. 그런데 질량이 없는 입자는 빛을 제외하고는 실험에서 발견된 적이 없었으므로, 사람들은 자발적 대칭선 깨짐이 입자물리학에서 일어나고 있는지를 확신할 수 없었다.

◉ 신의 입자, 힉스 보손 ✻ 1963년 응집물질 물리학자인 앤더슨이 초전도현상에서 골드스톤 보손은 전자기장의 일부가 되면서 질량을 가진다는 것을 지적했다. 이는 게이지 이론에서 자발적 대칭성 깨짐을 논한 첫 논문이었고, 사실상 힉스 메커니즘을 이야기한 것이나 다름없었다. 그러나 앤더슨의 논문은 응집물리학자의 논문답게 비상대론적인 경우에 대한 것이었고, 입자물리학자들의 주목을 끌지 못했다.

1964년 이론은 마침내 결정적으로 진전을 보았다. 영국 에딘버러 대학교의 피터 힉스, 벨기에 브뤼셀 대학교의 프랑수아 앙글레르와 로베르 브라우, 그리고 미국의 구랄니크, 하겐, 키블은 거의 동시에 제각기 게이지 대칭성이 자발적으로 깨지는 과정에 대한 논문을 내놓았다. 이들의 설명은 스핀이 0인 스칼라 장이 가지는 가장 낮은 에너지 상태가 게이지 대칭성이 깨진 상태라면, 이론적으로는 게이지 대칭성이 성립하면서도 드러나는 현상은 게이지 대칭성이 깨진 것처럼 보여서, 게이지 입자도 질량을 가진다는 것이다. 특히 힉스의 논문에는 게이지 이론에서는 질량이 없는 골드스톤 보손이 아니라 질량을 가진 스칼라 입자가 나타난다는 것이 제시됐다. 바로 힉스 입자의 개념이 태어난 것이다.

그러나 이들이 2012년 발견된 힉스 입자를 예측한 것은 아니다. 왜냐하면 이들은 모두 자발적 대칭성 깨짐으로 강한 핵력을 설명하려고 했기 때문이다. 이 아이디어를 약한 상호작용의 이론에 적용한 사람은 미국의 스티븐 와인버그와 파키스탄의 압둘 살람 등이었다. 와인버그는 1967년, 글래쇼가 전자기 상호작용과 약한 상호작용을 통합적으로 기술하기 위해 제안한 SU(2)×U(1) 게이지 모델을 전자와 중성미자에 대해서 적용하면서 힉스 메커니즘을 도입해서 입자의 질량을 설명하는 이론을 발표했다. 이 모델에서는 게이지 대칭성이 깨지면서 약한 핵력을 전달하는 입자인 W와 Z 보손이 질량을 가지게 되는데, 그렇게 되면 W와 Z 보손의 질량 때문에 약한 핵력이 매우 가까운 거리에서만 작용하는 것과 전자기 상호작용에 비해서 아주 작은 것이 모두 설명된다. 이것이 바로 오늘날 우리가 알고 있는 입자물리학의 표준모형의 구조이며, 여기서 나타나는 전기적으로 중성인 스칼라 입자가 바로 2012년에 물리학자들이 찾아낸 힉스 입자다.

게이지 대칭성이 자발적 대칭성 깨짐을 통하여 게이지 입자의 질량을 만드는 과정을 '힉스 메커니즘Higgs mechanism'이라고 하고, 이때 나타나는 스칼라 입자를 '힉스 보손Higgs boson'이라고 부릅니다. 지금까지 본 것처럼 여러 사람이 공헌한 이론에 유독 힉스의 이름이 붙게 됐을까? 그것은 1972년 미국 페르미연구소에서 열린 컨퍼런스에서 당시 페르미연구소 이론물리학 부장이며 대표 발표자였던 한국 출신의 이휘소 박사가 약한 상호작용의 여러 이론을 언급하면서 처음으로 '힉스 메손Higgs meson'이라는 말을 쓰면서부터였다고 힉스는 기억한다.

힉스 메커니즘은 또한 물질을 이루는 쿼크와 렙톤의 질량도 정해준다. 결국 표준모형의 모든 입자는 힉스 메커니즘을 통해서 질량을 가지게 되고 우리가 보는 형태로 모습을 드러내게 되는 셈이다. 그리고 그 결과로 힉스 보손이라는 미지의 입자가 하나 나타나게 된다. 아마도 이것이 1988년 노벨상 수상자이며 페르미연구소 소장을 지낸 미국 물리학자 레이더먼이 힉스 보손을, 그리고 자신의 책의 제목을 『신의 입자God Particle』라고 지은 이유일 것이다.

표준모형의 입자

표준모형에는 모두 17개의 기본 입자가 있다.
이 중 힉스만이 발견되지 않은 상태였다. 위는 종류별로 구분한 표로,
화살표는 스핀(1바퀴=1)을 의미한다. 아래는 질량별 구분.

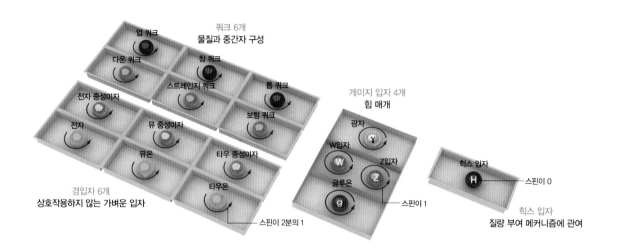

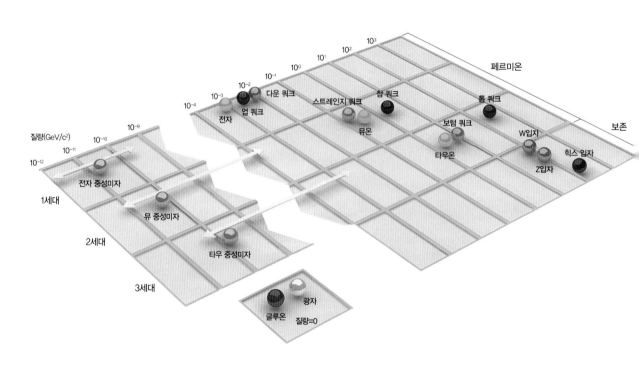

1971년 네덜란드의 토프트가 일반적인 게이지 이론이 자발적으로 대칭성이 깨지더라도 양자역학적으로 성립한다는 것을 증명하면서 와인버그의 이론은 날개를 달게 됐다. 곧이어 1973년 CERN에서 전기적으로 중성인 약한 상호작용이 발견되면서 SU(2) 대칭성이 확인됐고, 1974년 네 번째 쿼크가 발견돼 전자뿐 아니라 쿼크까지 모든 기본입자가 와인버그의 이론으로 모두 통합됐다. 진정한 거의 모든 것의 이론이 탄생한 것이다. 이를 우리는 입자물리학의 표준모형이라고 부른다. 그리고 와인버그, 글래쇼, 살람은 표준모형의 이론을 만든 공로로 1979년의 노벨 물리학상을 공동으로 수상했다.

오늘날까지 표준모형의 여러 이론적 구조는 거대 가속기 실험을 비롯한 수많은 실험을 통해 세부까지 극히 정확히 검증됐다. 특히 약한 핵력을 전달하는 입자인 W와 Z 보손이 1983년 CERN의 양성자–반양성자 충돌장치에서 발견되면서, 약한 핵력의 가장 핵심적인 구조가 힉스 메커니즘을 제외하면 모두 확인됐다. 사실 W와 Z 보손이 질량을 가지고, 다른 쿼크와 렙톤도 모두 질량을 가진다는 것 자체가 힉스 메커니즘의 증거라고 할 수 있다. 우리는 그 밖의 다른 방법으로는 이들 입자가 질량을 가지는 것을 설명하지 못하기 때문이다. 그러나 힉스 메커니즘의 가장 직접적인 증거는 역시 힉스 보손을 실제로 확인하는 일이다.

● **힉스 보손을 찾아서** ＊ 1970년대까지는 힉스 보손을 직접 찾기보다 여러 가능성을 탐색하는 시기였다. 당시 실험적으로 더 중요한 일은 정체도 불분명한 힉스 보손보다 힉스 메커니즘에 의해서 질량을 얻는 약한 핵력의 게이지 입자인 W와 Z 보손을 찾는 일이었다. 표준모형에 의하면 W와 Z 보손은 그 어떤 입자보다도 훨씬 무거워서 양성자의 50배도 넘을 것으로 예측됐다. 아인슈타인의 상대성 이론에 따르면 질량은 에너지와 동등하므로, 이렇게 무거운 입자를 실제로 만들어서 관찰하려면 엄청난 출력의 가속기가 필요했다. 이를 위해서 유럽의 CERN에서는 거대한 전자–양전자 충돌장치인 LEP 건설을 추진하고, 다른 한편으로 당시 보유하고 있던 양성자 가속기인 SPS를 양성자–반양성자

충돌장치로 개조해서 앞서 말했듯이 1983년 W 와 Z 보손을 발견하기에 이르렀다. 자연현상의 패턴을 보고 추측해낸 추상적인 대칭성이 현실로 존재하는 것을 확인한 현대물리학의 위대한 성공 의 순간이었다.

미국 시카고에 있는 미국 페르미연구소의 양성자-반양성자 충돌장치인 테바트론의 전경.

1987년 톱 쿼크를 찾는 것을 목표로 쯔쿠바에 건설된 일본 최초의 거대 가속기인 TRISTAN이 가 동됐다. TRISTAN에서 최초로 직접 힉스 보손을 찾기 시작했다. 그러나 성과는 없었다. TRISTAN 가속기를 모태로 일본 입자물리학연구소KEK가 설립됐고, TRISTAN 가속기가 설치됐던 터널에는 후일 보텀 쿼크가 들어 있는 B 메손을 대량으로 만들어내는 가속기가 설치돼 2000년대에 크게 활약했다.

힉스 보손의 질량 역시 힉스 메커니즘에 따라 생기는데, 이는 표준모 형의 이론 내에서는 알 수 없고 측정해서 정해야만 한다. 그러나 힉스 보손과 W와 Z 보손의 질량이 모두 같은 메커니즘에 의해 생기므로 힉 스 보손의 질량과 W와 Z 보손의 질량이 비슷해서, $100\text{GeV}/c^2$ 근처의 값일 것이라고 생각하는 편이 자연스러울 것이다. 그래서 1989년부터 가동되기 시작한 CERN의 LEP 가속기에서 비로소 힉스 입자를 본격적 으로 찾기 시작했다고 할 수 있다. 둘레가 26.7km에 이르는 사상 최대 크기의 전자-양전자 충돌장치였던 LEP은 충돌 에너지를 Z 보손의 질 량인 약 $91\text{GeV}/c^2$에서 시작해서 최대 $209\text{GeV}/c^2$까지 올려가면서 12 년간 실험을 계속했다. 2000년 10월까지 LEP에서는 힉스 입자가 만들 어졌다는 확실한 증거를 찾지 못했고, 결국 힉스 입자의 발견은 다음 세 대로 넘겨졌다. LEP 실험의 결과로부터 물리학자들은 힉스 입자의 질 량이 적어도 $114.4\text{GeV}/c^2$보다 크다고 결론지었다. 양성자의 질량이 약 $1\text{GeV}/c^2$이므로, 이 값은 힉스 보손이 적어도 양성자보다 약 114배 이상 무겁다는 뜻이다.

LEP 이후 힉스 보손을 찾는 실험이 진행된 곳은 미국 페르미연구소 의 양성자-반양성자 충돌장치인 테바트론Tevatron이었다. 양성자와 반양성자를 1.96TeV(=1960GeV)로 충돌시키는 테바트론은 당시까지는 역사상 가장 높은 충돌에너지를 내는 가속기였고, 1994년에 지금까지 발견된 입자 중에서 가장 무거운 톱 쿼크를 발견하는 개가를 올린 가속기이기도 했다. 얼핏 생각하면 충돌에너지가 거의 2000GeV에 달하는 테바트론에서라면 수백 GeV/c² 질량의 힉스 입자는 넉넉히 만들 수 있을 것 같았다. 그러나 테바트론과 같은 양성자 충돌 실험에서는 충돌에너지가 2000GeV라고 해서 2000GeV/c²의 입자를 곧바로 만들 수 있는 것이 아니다. 양성자는 쿼크와 강한 핵력을 전달하는 글루온으로 이루어진 복합입자이며, 양성자가 충돌할 때 실제로 충돌하는 것은 양성자를 이루는 쿼크나 글루온이기 때문이다. 쿼크나 글루온 하나하나는 양성자가 가진 에너지의 일부만을 가지고 있으므로 실제 충돌에너지는 기껏해야 양성자의 충돌에너지의 약 10%에 불과하다. 또한 양성자 충돌 실험의 결과는 LEP과 같은 전자–양전자 충돌에 비해서 훨씬 복잡하다. 그래서 힉스 보손을 발견하기 위해서는 엄청나게 많은 데이터 속에서 힉스 보손을 구별해낼 수 있을 만큼 충분한 양의 힉스 보손이 만들어져야 한다. 테바트론은 2011년 가을에 영광스러운 일생을 마쳤다. 힉스

CERN의 거대강입자가속기 내부 모습.

LHC에서 힉스 입자를 찾기까지

1 **LHC**
안에 두 개의 서로 다른 입자
이동 통로가 있다.

양성자 빔

2 양성자 빔은 서로 반대
방향으로 엇갈린 채 움직인다.
마치 다른 트랙을 도는
육상선수처럼, 통로에서는
빔이 서로 만나지 않는다.

엇갈리게 도는 양성자 빔

3 빔은 양성자 약 1000억 개로 된 입자 덩어리
'양성자 뭉치(bunch)'로 돼 있다. LHC는 이런 양성자 뭉치를
동시에 2808개씩 운영할 수 있도록 설계됐지만, 실제로는
1380개(2012년 4월 기준) 수준으로 운영된다.

양성자

양성자 뭉치.
약 1000억 개의
입자로 돼 있다.

4 트랙이 달라 서로 엇갈리던 양성자 뭉치는
검출기 안에서 서로 만나도록 방향이 바뀐다(충돌).

아틀라스(ATLAS)와 CMS 검출기
안에서 방향을 바꿔 충돌한다.

8 힉스 입자는 곧바로 광자 쌍, 2쌍의 전자, 2쌍의 뮤온 경입자, 또는 한 쌍의 뮤온 경입자와 한 쌍의 전자 등 다양한 방식으로 붕괴한다. CMS와 아틀라스는 이런 힉스의 붕괴 사건을 검출해 힉스를 찾아낸다.

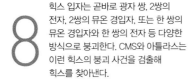

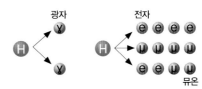

7 양성자 충돌 시, 실제 충돌은 그 안의 입자들 사이의 충돌이다. 생성된 입자들이 밖으로 튀어나간다. 여러 가지 충돌 사건 중, 글루온과 글루온이 만나면 양자효과에 의해 톱 쿼크를 이루다가 힉스 입자를 형성한다.

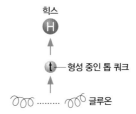

6 양성자는 2개의 업쿼크와 1개의 다운 쿼크, 양자효과에 의해 생성되는 쿼크, 그리고 이들을 묶어주는 '글루온'들이 뒤섞여 있는 상태.

5 양성자 뭉치가 서로 만나더라도 양성자는 작고 희박하기 때문에 그 안에 포함된 양성자는 대부분 구름이 지나듯 그대로 통과한다. 1000억 개 중 약 20개 미만의 양성자만이 충돌한다.

입자에 대해서 여러 가지 유용한 정보를 남기기는 했지만, 힉스를 직접 발견하지는 못했다.

○ **정말 힉스 입자일까?** ✳ 이제 LHC를 이야기할 때가 왔다. LHC 는 CERN의 과학자들이 20여 년간 준비해 온 야심적인 괴물 가속기다. LHC는 26.7km 둘레의 LEP 가속기가 설치됐었던 터널에 전자-양전 자 충돌장치를 뜯어내고 새로 설치한 양성자-양성자 충돌장치다. 양성 자는 전자보다 약 2000배나 무겁기 때문에 같은 크기의 가속기로도 훨 씬 높은 에너지를 낼 수 있는 것이다. LHC는 테바트론의 7배가 넘는 14TeV의 충돌에너지로 테바트론보다 100배가 넘는 많은 데이터를 생 산할 수 있다. LEP이 실험을 마친 2000년 이후 무려 8년간이나 CERN 의 과학자들은 LHC를 설치해 왔고, 마침내 2008년 9월 10일에 성공적 으로 가동했다. 여러분은 혹시 LHC가 처음 가동됐을 때 블랙홀이 지구 를 삼킬지 모른다는 소동이 몇 군데에서 일어났던 것을 해외토픽에서 보았을지도 모른다.

　LHC는 가동 직후 불의의 사고가 나서 다시 약 1년 간 수리를 해야 했다. 마침내 LHC가 다시 가동되기 시작한 것은 2009년 말이며, 2010 년 3월부터 드디어 LHC는 본격적으로 양성자-양성 자 충돌 데이터를 만들어내기 시작했다. 단, 에너지 는 목표 에너지의 절반인 7TeV로 가동됐다. 2012년 에는 에너지를 8TeV로 조금 더 높였다.

　양성자와 양성자가 충돌할 때 힉스 보손이 만들어 지는 방법은 여러 가지가 있다. 앞서 말했듯이 양성 자가 충돌할 때 실제로 충돌하는 것은 쿼크나 글루온 이다. 그런데 문제는 힉스 보손이 입자들의 질량을 정해주는 힉스 메커니즘에서 나오다 보니 힉스 보손 과 다른 입자가 상호작용하는 크기는 입자의 질량에 따른다는 것이다. 쿼크의 질량은 아주 작기 때문에 쿼크와 쿼크가 충돌해서 힉스 보손이 만들어지기는

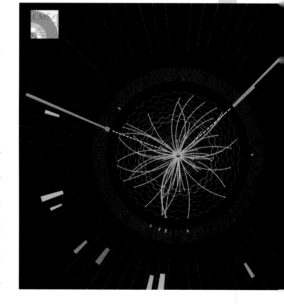

이번에 실험을 한 2개의 검출 기 중 하나인 CMS에서 힉스 입자가 2개의 광자로 붕괴한 흔적. 1시와 10시 방향으로 뻗 은 기둥 2개가 광자 2개를 의 미한다.

CMS와 함께 교차 실험한 아틀라스(ATLAS) 검출기에서 힉스 입자가 4개의 경입자(2개의 전자와 2개의 뮤온)로 붕괴한 흔적. CMS와 아틀라스 모두 광자 2개로 붕괴한 경우가 가장 많았고, 그 다음으로 경입자 4개로 붕괴한 경우가 많았다.

아주 어렵다. 그럼 글루온은 어떨까? 글루온은 아예 빛처럼 질량이 없다. 그러면 이를 대체 어떻게 할까?

재미있게도 LHC에서는 대부분의 힉스 보손이 글루온에 의해서 만들어진다. 바로 양자역학의 효과 때문이다. 양자역학의 효과에 의하면 짧은 시간 동안 가상 입자가 만들어질 수 있다. 이 가상 입자는 실제 질량을 가진 입자가 아니라 입자의 성질만 가진다. 특히 가장 무거운 입자인 톱 쿼크의 가상 입자가 만들어지면 이 톱 쿼크로부터 힉스 입자가 매우 쉽게 만들어질 수 있다. 톱 쿼크는 힉스 입자와 매우 크게 상호작용하기 때문이다. 또한 LHC는 엄청나게 높은 에너지로 입자를 가속하기 때문에 쿼크에서 무거운 W나 Z 보손이 튀어나올 수 있다. 그러면 이제 쿼크와 쿼크가 아니라 W 보손이나 Z 보손이 충돌하면서 힉스 입자가 만들어질 수 있다. 이들은 매우 무거운 입자들이기 때문이다.

그러면 LHC에서 힉스 보손이 만들어졌다고 하면 어떤 일이 일어날까? 질량에 따라 다르긴 하지만 대략 힉스 보손은 1조 분의 1조 분의 1초 만에 더 가벼운 입자로 붕괴한다. 어떤 입자로 붕괴할 것인가 하는 확률은 힉스 입자의 질량에 따라 달라지며, 따라서 힉스 보손을 찾는 전략은 힉

입자물리학 117년

처음 뢴트겐이 광자에 의한 X선을 발견한 뒤 117년,
드디어 표준모형의 마지막 입자인 17번째 기본입자를 찾았다.

1931
전자 뉴트리노
예언(볼프강
파울리)

1935
파이온 존재 예측
(유카와 히데키)

1932
중성자 발견
(채드윅)

1956
전자 중성미자 발견
(클라이데 코완 등)

1937
뮤온 발견
(세스 네더메예르,
칼 앤더슨 등) :
1947년까지
파이온으로 잘못
알려져 있었음.

양전자 발견
(칼 앤더슨)

1968
업 쿼크, 다운 쿼크,
스트레인지 쿼크
발견(머리 갤만 등),
W 및 Z 입자 예측
(스티븐 와인버그,
압둘 살람 등)

1962
뮤온 중성미자 발견
(레온 레더만 등)

1974
참 쿼크 발견
(사무엘 팅 등)

1964
힉스 입자 예측
(피터 힉스 등).

1975
타우 경입자
발견(마틴 펄)

1977
보텀 쿼크 발견
(레온 레더만 등)

1979
글루온 간접 관측
(독일전자싱크로톤)

1983
W 및 Z 입자 발견
(카를로 루비아 등)

1995
톱 쿼크 발견
(미국 페르미연구소)

1995
반수소 제조 및
측정(CERN)

1920
중성자 존재 예측
(러더퍼드)

1919
양성자 발견
(러더퍼드)

1911
원자핵 발견
(러더퍼드)

1900
고에너지 광자
발견(폴 빌라르)
: 감마선

1899
알파입자
(헬륨 원자핵) 발견
(어니스트 러더퍼드)

1897
전자 발견
(조셉 톰슨)

1895
광자 발견(빌헬름
뢴트겐) : 발견
당시는 X선 형태.

2012
6월 CERN LHC 실험
결과 125GeV/c^{2}에서
힉스 입자로 예상되는
입자 관측

2011
12월 CERN LHC
실험 결과 125GeV/c^2
질량에서 잉여사건
관측(통계적
의미 낮음)

2000
CERN의 선형전자–
양전자가속기(LEP)
실험 결과 힉스
질량 114.4GeV/c^2
이하 배제.

2010
미국국립페르미연구소
테바트론 실험
결과 힉스 질량
158~175GeV/c^2 배제.

2011
7월 CERN
LHC 실험 결과
149~206GeV/c^2
배제.

2011
반헬륨 제조 및
측정(STAR연구팀)

2000
타우 중성미자 관측
(미국 페르미연구소)

스 보손의 질량에 따라 다르다. 재미있는 것은 이번에 측정한 질량인 약 125GeV의 힉스 보손의 경우, 어느 한 가지 방법으로만 붕괴하지 않고 여러 가지 종류의 붕괴 과정이 모두 꽤 많이 나오게 된다는 점이다. 이 경우 여러 가지 붕괴 과정을 측정할 수 있으므로, 앞으로 힉스 보손의 여러 가지 성질을 탐구하는 데 크게 도움이 될 것이다. 실제로 현재까지 힉스 보손을 주로 관찰하는 채널은 힉스 보손이 2개의 광자로 붕괴하는 과정과 2개의 약한 핵력의 게이지 보손으로 붕괴하는 과정이다. 그밖에 도 2개의 타우 렙톤으로 붕괴하는 과정, 그리고 2개의 보텀 쿼크로 붕괴하는 과정도 관찰되고 있다.

자, 그럼 이제 힉스 보손을 발견했으니 어떻게 될까? 물리학자들은 이제 무엇을 할 것이며, 그로 인해 우리의 삶은 어떻게 달라질까?

먼저 물리학자들 이야기를 해 보자. 물리학자들이 심심할까 봐 걱정할 필요는 없다. 사실 물리학자들은 이제부터 전례 없이 바빠지게 됐다. 왜냐하면 먼저 우리가 발견한 것이 정말 힉스 보손인지 확인해야 하고, 혹시라도 다르다면 그것을 어떻게 이해해야 할지 연구해 봐야 하기 때문이다. 이를 확인하는 것은 어렵고도 중요한 작업이다. 이런 예를 들어 보자. 우리가 미지의 세계를 여행하다가 사자처럼 보이는 동물을 발견했다. 그러면 그냥 집에 돌아가면 될까? 아니다. 이제부터 그 동물의 성질, 생활방식, 먹이, 짝짓기 등을 연구해야 하고, 가능하다면 한 마리 잡아서 자세히 살펴보고 유전자도 검사하고 싶을 것이다. 그와 마찬가지다.

또한 과연 힉스 보손이 이것으로 전부일까? 혹시 다른 성질을 가지는 다른 힉스 보손이 있지 않을까? 지금까지 인류의 역사가 그래왔듯이 인간의 호기심에는 끝이 없고 탐구할 대상도 역시 마찬가지다.

표준모형은 20세기에 들어서 인류가 성취한 양자론, 특수 상대론, 양자 장이론, QED, 게이지 이론, 자발적 대칭성 깨짐과 같은 물리학의 주요 성과가 집약된 인간의 이성 활동에 있어서의 금자탑이다. 이 하나의 방정식은 빅뱅 직후와 같은 아주 특별한 경우와 중력 현상을 제외하면, 우리 우주의 거의 모든 물리현상을 설명하는 기본 이론이다.

LHC에서 힉스 입자가 발견된 것은 좁게 말하면 힉스 메커니즘이 게이지 대칭성과 같은 자연의 근본적인 구조에서도 작용하는 원리임을 확인한 것이다. 이로써 우리는 이제야 표준모형의 모든 부분을 검증하고 이해했다고 말할 수 있다. 좀 더 정확히 말해서 표준모형이 적용되는 범위까지는 올바른 자연의 법칙을 알고 있다고 말해도 좋다. 여기서 올바른 이론이란 엄청나게 복잡한 진짜 이론을 이상화시킨 이론이 아니라, 진짜 옳고 아주 구체적인 부분에까지 옳은 이론이다. 사실, 힉스 메커니즘이라는 원리가 표준모형이 예측한 대로 정확하게 재현된다는 사실은 전율을 일으킬 만큼 놀라운 일이기도 하다.

우리는 아직 우주에 대해서 모르는 것이 아는 것보다 훨씬 많다. 우리는 우주의 물질의 대부분을 차지하는 암흑물질이 무엇인지도 모르고, 우주의 에너지의 70%에 이르는 부분에 대해서도 전혀 모른다. 우리가 알고 있는 기본입자가 전부인지, 우주가 시작될 때는 다른 입자가 더 있었는지도 알 수 없고, 중력이 다른 힘들과 왜 그렇게 다른지도 이해하지 못한다. 그러므로 인간은 우주와 물질에 대한 탐구를 그치지 않을 것이며, 그 과정에서 표준모형은 가장 중요한 이정표 역할을 할 것이다. 힉스 입자의 발견은 이제부터 우리가 새로운 탐구를 해나가는 출발점이 정확히 어디인지를 가르쳐 주는 사건이다.

03

행자동공

진과인 다인과

과원 희스

인 화학론

행자동공성

화력자

애화팡과

니 유

필자 **이은희**

2001년 연세대학교 대학원에서 생물학 석사(신경생리학 전공)을 받았고, 2007년에 고려대학교 과학기술학협동과정에서 과학언론학 전공으로 박사과정을 수료했다. 2001년부터 제약회사 연구원으로 일하다가 블로그에 연재하던 글들을 모아 2002년 『하리하라의 생물학 카페』를 발간했고, 2003년 이 책으로 한국과학기술도서상 저술상을 수상하며 본격적으로 과학저술 작업을 시작했다. 현재 한양대학교에서 과학기술학에 대해 강의하면서, 틈틈이 '하리하라'라는 필명으로 《네이버》와 《동아일보》에 칼럼을 연재하고, 청소년과 일반인을 대상으로 하는 대중 과학서를 쓰고 있다.

체중학
성우수창
뇌탐쟁사주
븐입사자
전윤리
카카학오독

환경은 유전을
보완하는 필터

아침에 유치원 차량에 올라다며 이따 보자고 손을 흔들었던 엄마를 그날 오후 돌아온 아이는 영영 볼 수 없게 됐다. 소개팅을 한다며 들떠서 나갔던 딸은 의식불명의 상태로 돌아왔다가 다시는 눈을 뜨지 못했고, 겨우 일곱 살 된 여자아이는 집에서 잠자던 사이 납치돼 끔찍한 경험을 했다. 아이들은 엄마를 잃었고, 부모는 딸을 잃었으며, 어린 여자아이는 세상에 대한 믿음을 잃었다. 모두 잔인한 성범죄가 일으킨 안타까운 결과였다.

이러한 인면수심의 범죄들이 줄을 잇자 시민들의 공분은 하늘을 찔렀고, 이에 대한 대책마련의 목소리가 높아졌다. 시민들의 목소리는 재발 방지를 위해 강력하고 엄중한 처벌을 요구하는 방향으로 모아지고 있는데, 이 과정에서 화학적 거세까지 거론되고 있다. 화학적 거세란 성적 충동을 일으키는 남성호르몬의 생성 혹은 흡수를 억제하는 약물을

강제해 성욕을 감퇴시키는 방법을 말한다. 시상하부에서 방출되는 GnRH에 의해 분비된 생식샘자극호르몬gonadotropin은 다시 고환의 간세포라이디히 세포를 자극해 흔히 남성호르몬으로 불리는 테스토스테론을 분비시킨다. 테스토스테론은 남성의 생식기를 발달시키고 남성으로서의 2차 성징을 발현시키며, 성적 충동을 일으키는 호르몬이다. 따라서 테스토스테론을 억제하는 약물을 이용해 성적 충동을 저하시킨다는 것이 화학적 거세의 골자다.

화학적 거세가 실제로 가능하게 된 것은 테스토스테론 억제 기능을 가진 약물들이 만들어지면서부터지만, 이것이 실시된 배경 뒤에는 인간의 행동을 교화나 교정 같은 심리적인 방법이 아니라, 약물과 같은 물리적 처치로 바로잡을 수 있다는 전제가 깔려 있다. 인간의 행동에는 실재적인 원인이 있음을 인정하는 생물학적 환원주의의 변형된 형태인 것이다.

◉ 천재는 만들어지지 않는다? ＊ 개인의 행동이 선천적인 유전자 탓이냐, 후천적인 양육 방식 탓이냐에 대한 논란은 새로운 것은 아니다. 하지만 이들은 인간을 바라보는 시각의 차이가 극명해 여전히 논란의 대상이 되고 있다. 여기서 흥미로운 사실은 인간의 '행동'이라는 개인적이고 심리적인 현상 뒤에 '유전자'라는 실질적인 존재가 버티고 있느냐, 아니면 무형의 존재인 '교육'이 자리 잡고 있느냐로 바라보는 시각의 차이다. 무형적 존재인 '행동'을 촉발하는 것은 유형적 존재인 유전자일까, 역시 무형의 존재인 '교육'일까?

아동 성폭력 사건이 끊이지 않으면서 시민단체 연합회원들이 아동과 여성의 안전을 촉구하는 시민운동이 활발해지고 있다.

사실 개인의 행동이 훈육된 결과가 아니라 타고난 본성 탓이라는 생각은 낯선 것이 아니다. 유전자의 존재를 짐작조차 못하던 시절에도 사람들은 타고난 품성이나 고귀한 혹은 저급한 태생적 특질이 분명히 존재한다고 믿었다. 열악한 환경 속에 본의 아니게 버려진 고귀한 태생의 아이가 비범한 자질과

영국의 인류학자 프랜시스 골턴은 본성과 양육(Nature vs. Nurture)이란 대립 개념을 처음으로 사용한 사람으로 알려졌다.

능력을 발휘해 결국 제자리를 찾아가는 이야기가 그토록 많은 것은 '타고난 무엇'에 대한 심리적 동조가 형성돼 있기 때문이다.

행동유전학行動遺傳學, behaviour genetics이란 바로 유전자의 발현과 개체의 행동 사이의 연관을 연구하는 학문 분야를 말한다. 인간 행동의 기원을 유전자에서 찾으려는 시도의 역사적 계보는 우생학 연구로부터 파생됐다. 우생학優生學, eugenics이란 말 그대로 '우수한 생물 종을 찾아내는 연구'라는 뜻으로, 인간이라는 종의 개량을 목적으로 개인을 특성에 따라 선별해 육종하려는 의미를 지닌 학문이다. 사실 출신 성분에 따라 대우를 달리 해야 한다는 우생학적 개념 자체는 고대 그리스 시대까지 거슬러 올라가지만, 이를 학문적으로 구체화시킨 인물은 19세기 말 영국의 인류학자였던 프랜시스 골턴Sir Francis Galton이었다. 골턴은 인간의 특성이 본성에서 기인하는 것인지, 양육으로 만들어지는 것인지에 대해 관심이 많았는데, 시간이 지날수록 그는 전자 쪽으로 마음이 기울었다. 골턴은 수년에 걸쳐 당시 영국 사회의 저명인사들의 가계도를 조사[1]한 뒤, 그 결과를 『유전적 천재Hereditary Genius』라는 책으로 출판했다. 이 책에서 골턴은 이들 대부분이 혈연관계로 연결돼 있으며, 기존의 유명 인사들과 혈연관계가 가까운 사람일수록 몇 년 후 그 스스로가 유명 인사가 될 확률이 높다고 서술했다. '콩 심은 데 콩 나고 팥 심은 데 팥이 나는' 것처럼 명가名家에서 인재人才가 난다는 사실은 골턴에게 유전적 특징은 신체적 형질과 함께 개인의 지능과 자질과 성격과 행동에까지도 결정적인 영향을 미친다는 생각을 심어주기 충분했다. 이에 따라 골턴은 천재란 교육이 아니라 선천적 자질이 더욱 큰 영향을 미치기 때문에 인간이 우수한

1) 혹자는 골턴을 우생학의 창시자인 동시에 행동유전학의 탄생에 지대한 영향을 미친 인물로 보고 있다. 당시 골턴이 가계도 조사를 객관적으로 하기 위해 창안한 쌍생아 연구법이나 입양아 연구법은 현대의 행동유전학자들도 이용하고 있는 방법이기 때문이다.

2) 이처럼 뛰어난 형질을 지닌 존재의 수를 불림으로 인해 종의 개량을 시도하는 것을 포지티브 우생학(positive eugenics), 열등한 형질을 지닌 개체를 강제로 도태시켜 버림으로써 종의 퇴화를 막는 것을 네거티브 우생학(negative eugenics)라 한다. 전자의 경우, 계급 내 혼인을 엄격히 지키고 상류층의 자녀 출산을 장려하는 것을 지침으로 삼았다면, 후자는 사회부적응자들의 강제 불임 시술 및 적극적 안락사라는 과격한 방법을 쓰는 것도 마다하지 않았다.

종으로써의 생존과 번성을 유지해 나가기 위해서는 뛰어난 자질을 지닌 이들을 골라서 아이를 낳게[2] 해야 한다고 주장하기도 했다.

특히나 골턴은 사촌 형이었던 찰스 다윈Charles R. Darwin의 진화론에 깊이 감명 받았고, 이를 인간 사회에 적용시키려 했다. 다윈은『종의 기원』을 통해 환경의 변화에 따라 생존에 적합한 형질을 지닌 종이 그렇지 않은 종에 비해 번식에서 우위를 누리기에 마치 자연이 이 개체를 선택한 것처럼 번성한다는 '자연선택설'을 내놓았다. 사촌 형의 이론에 깊이 감명 받은 골턴을 이를 인간에게까지 적용했는데, 그는 어떤 것이 유리한 형질인지 판단할 수 없어 무작위적인 변이를 통해 우연히 선택되는 다른 생물들과는 달리, 인간은 지성을 가지고 있으므로 어떤 것이 유리한 형질인지를 파악하고 이를 스스로 선택할 수 있다는 점에서 차이가 있다고 믿었다. "인간은 스스로의 진화에 대한 책임이 있다"는 말은 그의 이런 생각이 반영된 말이었다.

골턴의 우생학은 19세기 말, 영국의 국내외 정세, 즉 자본주의 발달로 인한 극심한 빈부격차와 빈민층의 증가로 인한 사회 불안감 해소의 필요성, 그리고 제국주의 확대로 인한 식민지 지배 이데올로기 확립 필요성에 따라 빠르게 받아들여졌다. 우생학은 소수의 자본가가 다수의 빈민층을 억압하고, 영국이 식민지 국가들을 수탈하기 위한 명분으로 매우 적합했기 때문이었다. 또 우수한 형질을 지닌 민족혹은개인은 선택되고, 열등한 형질의 민족혹은개인은 도태된다는 우생학의 논리는 어째서 사회적 불평등이 생겨날 수밖에 없는지, 그리고 그 상태가 고착될 수밖에 없는지에 대한 생물학적 근거를 제시했다.

20세기에 접어들면서 멘델의 유전법칙이 재발견되고 형질의 유전 현상에 대한 이해가 생기면서 우생학은 과학적 권위까지 등에 업게 됐고, 유럽과 미국 등 다른 서구 열강으로 퍼져나갔다. 이에 미국의 독일에서는 우생학이 강력한 사회적 이데올로기가 될 정도로 열광적 지지를 받았다. 미국의 경우, 데븐포트Charles Davenport에 의해 뉴욕에 '우생학 기록보관소Eugenics Record Office, ERO'가 세워졌고, ERO의 후원에 의해 이민제한법[3], 강제불임법[4] 등이 통과되면서 본격적인 우생학적 경로를 걷기 시작했다. 독일은 이보다 더욱 극단적이었다. 제1차 세계대전 이후 패전국이 된 독일 국민을 사로잡은 히틀러와 나치당은 '인종위생법racial hygiene'을 통과시키고 극단적 인종차별주의를 우생학에 접목시켜 사회적 부적응자로 분류된 이들에 대한 강제 불임 수술은 물론 안락사와 집단 학살까지도 자행했다. 결국 나치에 의한 우생학의 광기狂氣는 약 35만 명의 강제 불임 수술과 선천적 장애를 가지고 태어난 수만 명의 아이들에 대한 안락사, 그리고 600만 명의 유대 인의 목숨을 앗아간 집단 학살이라는 끔찍한 결과로 이어지게 됐다. 인류가 저지른 악행 중에 최악이라고 여겨지는 일련의 사건들 이후 우생학은 입에 담는 것조차 꺼려지는 끔찍하고 참혹한 단어가 돼 철저히 외면당하게 됐다. 하지만 인간의 근원적 특성을 생물학적 뿌리에서 찾으려고 하는 시도 자체가 사라진 것은 아니었다.

◉ 생쥐를 무서워하는 아기 vs 고양이를 무서워하지 않는 생쥐

✻ 1930년대 이후 우생학이 극단으로 치닫게 되자 본성과 양육의 대립각에서 양육의 중요성에 대해 주장했던 이들의 목소리 역시 점차 높아지기 시작했다. 물론 이전에도 양육의 중요성을 주장한 사람들은 있었다. 심지어 철저한 환경결정론자였던 존 왓슨John B. Watson은 "내게 열두 명의 아이를 주면 그 어떤 아기라도 재능, 기호, 경향, 능력, 소질, 조상들의 경력과 무관하게 내가 선택한 유형의 사람으로 키울 수 있다"고 호언장담하기도 했다. 환경의 중요성을 주장한 이들의 배경은 17세기 영국의 경험주의 철학자 존 로크John Locke의 '빈 서판' 이론에서부터 시작됐다. '빈 서판tabula rasa' 이론이란 인간은 아무 것도 쓰여 있지 않은 백지와 같아서 출생 이후의 경험과 학습, 교육에 따라 달라질 수 있기에, 인간을 인간답게 하는 근원적 추동력은 기질본성이 아니라 교육환경의 차이라는 개념이다.

진화론과 생물학적 발견이 우생학과 유전의 중요성을 설명하는 과학적 뒷받침이 되었다면, 20세기 초 제시된 파블로프의 '조건반사 이론'은 양육의 중요성을 설명하는 과학적 기반을 제시해 줬다. 파블로프의 실

3) 비유럽권 이외 지역의 이민자를 제한하는 법으로 1924년 통과되었다. 이들은 비유럽권 이민자들 중에는 유전적인 범죄자와 낮은 지능의 소유자가 많다는 우생학적 이유를 들어 이민자 쿼터를 95% 이상 감소시켰다.

4) 강제불임법이란 사회적 부적응자로 분류된 이들의 강제 불임 수술을 정당화하는 법으로, 1907년 인디애나주를 시작으로 미국의 절반 이상의 주에서 실제로 집행되었다. 이 법이 시행되던 시기 동안 정신이상자, 발달장애자, 상습범죄자, 강간범, 마약 및 알코올 중독자 등으로 분류된 사람들 중 공식적으로 5만여 명 이상(일각에서는 밝혀지지 않은 피해자까지 합치면 그 수는 10배 이상 늘어난다고 주장하기도 한다)의 사람들이 강제 불임수술을 당하고 평생 아이를 갖지 못하는 몸이 되었다. 이 것 역시 역시 지능이나 정신 병력, 범죄 성향 등의 정신적 특성도 유전된다는 우생학적 믿음에 기인한 것이었다.

러시아의 생리학자 이반 페트로비치 파블로프와 조건반사 실험 모습. 행동은 타고 나는 것이 아니라 훈련으로 체득할 수 있다는 것을 증명했다.

험에 따르면 개는 벨 소리를 들어도 별다른 반응을 보이지 않는다. 개에게 있어 벨 소리는 아무 의미없는 중성 자극에 불과하기 때문이다. 하지만 개에게 벨 소리를 들려주고 먹이를 주는 과정을 반복하면, 얼마 지나지 않아 개는 벨 소리에 침을 흘리고 먹이를 갈구하는 반응을 보여준다. 이는 개에게 벨 소리와 먹이와의 관계에 대해 학습이 이뤄졌다는 뜻이다. 비단 벨 소리 외에도 어떤 종류의 신호든 먹이와 연결되면 개는 그 신호를 학습하고 침을 흘릴 수 있음이 후속 실험을 통해 밝혀지면서 행동은 타고 나는 것이 아니라 훈련의 결과로 체득할 수 있음이 증명됐다. 학습과 양육이라는 기대감이 확산될 무렵 왓슨은 유명한 '꼬마 알버트 실험'을 통해 사람 역시도 조건 반사에 의해 학습될 수 있으며, 이를 다양하게 변주하는 것이 가능하다는 증거를 제시하면서 사람들의 시선을 잡아끌었다.

왓슨의 실험 대상은 알버트란 이름을 가진 11개월 된 아기였다. 왓슨은 인간이 느끼는 공포는 학습된다고 믿었다. 예를 들어 우리가 귀신을 두려워하는 것은 그렇게 태어나는 것이 아니라, 귀신은 무서운 것이라고 배웠기 때문이라는 것이다. 왓슨의 말처럼 아직 세상에 대한 경험이 거의 없던 아기 알버트는 대개의 어른들이 무서워하는 불이나 쥐 등도 무서워하지 않고 손을 내밀어 잡으려고 하는 모습을 보여줬다. 이에 왓슨은 알버트가 무서워하는 자극을 생쥐와 연결시켰다. 알버트는 망치로 쇠를 두들겨 큰 소리가 나면 깜짝 놀라며 울음을 터트리곤 했기에, 알버트에게 실험용 생쥐를 보여준 뒤 망치 소리를 들려줬다. 처음에 알버트는 망치 소리에만 반응했다. 하지만 이 실험을 단지 6번 반복하고 나자 알버트는 쥐만 보면 소스라치게 놀라며 울음을 터뜨리는 반응을 보였다. 그리고 알버트는 파블로프의 개보다 더욱 광범위한 조건 형성을 보여줬는데, 애초에 조건 자극으로 설정했던 실험용 생쥐뿐만 아니라, 생쥐의 특징이었던 '움직이는 흰색 물체흰색 토끼나 강아지, 흰 옷을 입은 사람, 펄럭이는 흰색 천 등' 모두를 공포에 대한 조건 자극으로 인식했던 것이다.

알버트의 실험은 비록 실험에 대한 윤리적 논란[5]을 가져왔지만, 인간에게 있어 행동의 많은 부분을 경험, 즉 양육 환경의 요인에서 찾을 수 있다는 생각을 불러 일으켰다. 또한 20세기 중반 이후 우생학이 극단적인 인종차별주의와 맞물려 스스로 몰락하자 그에 대한 반대 급부로 양육의 중요성에 대한 목소리가 더욱 높아졌다. 그러나 선천적인 본성에 대한 지지가 완전히 사라진 것은 아니었다. 20세기 중반 이후 폭발적으로 발달한 생물학에 대한 연구는 오히려 유전의 중요성을 다시금 불러일으키는 원인이 됐다. 여기에 동물행동학의 발달은 유전적 요인에 의한 행동의 인과성에 대해 다시금 주목하게 만들었다.

생쥐는 고양이를 무서워한다. 다들 알고 있듯이 고양이는 생쥐의 천적이기 때문이다. 하지만 생쥐의 고양이에 대한 공포심은 선천적인 것일까, 학습되는 것일까? 앞서 양육론이 우세할 때에는 공포심과 같은 정신적 특질은 환경에 따른 결과라는 의견이 많았다. 내가 개를 무서워한다면 언젠가 개에게 물렸다거나 혹은 위협을 당한 적이 있어서지, 원래부터 개를 무서워하도록 타고 태어나지는 않았다는 것이다. 실제로 개를 처음 본 어린아이들은 –꼬마 알버트를 비롯해– 무서워하기는커녕 호기심의 대상으로 관심을 가지기에 이 의견은 그럴 듯하다. 그렇다면 생쥐는 어떨까? 태어날 때부터 한 번도 고양이를 본 적이 없는 생쥐라도 고양이를 무서워할까? 실제로 실험해본 결과 생쥐는 경험에 상관없이 고양이를 무서워했다. 이 결과를 토대로 과학자들은 생쥐의 염색체에서 공포심과 연관된 유전자 알파1E alpha 1E을 찾아냈다. 이 알파1E 유전자를 제거한 유전자 제거 생쥐knockout mouse는 고양이털에 공포심을 느끼지 않는 것으로 관찰됨에 따라 어떤 종류의 공포심은 유전적으로 가지고 태어난다고 밝혀졌다.

5) 왓슨의 '꼬마 알버트 실험'은 인간의 행동을 설명하는 데 있어 조건반사가 매우 중요하다는 것을 설명하는 실험으로 지목됐으나, 실험의 윤리성으로 인해 많은 비난을 받게 됐다. 생후 11개월밖에 안 된 어린아이를 실험 대상으로 삼은 것이나, 어린아이를 겁주게 하는 실험 방법을 이용한 점, 훗날 알버트에게 조건반사에 대한 소거 실험을 하지 않은 것 등이 윤리적인 문제를 불러일으켰던 것이다. 또한 왓슨은 이 일 이외에도 개인적인 실수로 인해 학계에서 축출됐다. 하지만 아직도 그의 실험의 반향은 매우 커서 오늘날에도 아이를 훈육시키는 방법의 일종으로 위와 비슷한 조건반사를 이용하라는 육아 지침서가 나오고 있다.

유전자변형쥐 만드는 법

유전자변형쥐는 만드는 법에 따라 종류가 나뉜다. 수정란을 이용해 유전자를 넣는 '트랜스제닉 마우스(transgenic mouse)'와
배아줄기세포로 특정 유전자를 뺀 '녹아웃 마우스(knock-out mouse)'가 있다.

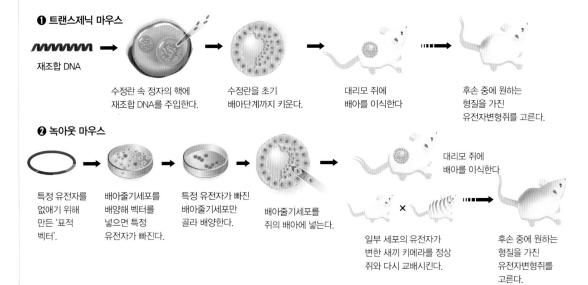

❶ 트랜스제닉 마우스

재조합 DNA

수정란 속 정자의 핵에 재조합 DNA를 주입한다.

수정란을 초기 배아단계까지 키운다.

대리모 쥐에 배아를 이식한다

후손 중에 원하는 형질을 가진 유전자변형쥐를 고른다.

❷ 녹아웃 마우스

특정 유전자를 없애기 위해 만든 '표적 벡터'.

배아줄기세포를 배양해 벡터를 넣으면 특정 유전자가 빠진다.

특정 유전자가 빠진 배아줄기세포만 골라 배양한다.

배아줄기세포를 쥐의 배아에 넣는다.

대리모 쥐에 배아를 이식한다

일부 세포의 유전자가 변한 새끼 키메라를 정상 쥐와 다시 교배시킨다.

후손 중에 원하는 형질을 가진 유전자변형쥐를 고른다.

● 유전되는 공포심, 또 다른 의심의 시작 ＊ 어떻게 공포심이라는 감정이 유전될 수 있을까?『이기적 유전자』로 유명한 리처드 도킨스는 이런 현상을 '진화적으로 안정된 전략ESS; evolutionarily stable strategy'으로 설명한다. 이는 다양한 생존 전략을 구사하는 개체들 사이에서 A 전략이 다른 전략들에 비해 생존에 도움이 되는 경우, 상대적으로 A 전략을 구사하는 개체는 생존과 번식에 우위를 누릴 수 있으므로 장기적으로는 A 전략을 구사하는 개체만이 살아남아 개체군 전체가 A 전략을 이용하게 된다는 것이다. 예를 들어 고양이에 대해 본능적으로 공포심을 획득한 생쥐와 그렇지 못한 생쥐가 동시에 생존할 때, 이 두 개체 중 전자의 생존율은 월등히 높아지게 마련이다. 공포심이 없는 개체는 주변에서 풍기는 고양이 냄새에도 아랑곳하지 않고 은신처에서 나올 테니 그만큼 사냥당할 확률이 높기 때문이다. 이런 현상이 몇 세대 지속되다 보면 공포심이 없는 개체는 모조리 고양이에게 잡아먹혀 결국 전멸되고, 선천적 공포심을 획득한 개체만이 살아남아 생명을 유지할 것이다. 이처럼 우

연히 나타난 선천적 공포심은 이것이 개체의 생존에 도움이 된다는 이유로 우리 유전자 속에 각인되었을 확률이 크다.

이와 비슷한 방법으로 동물들의 특정 행동과 연관된 유전자가 다수 발견됐고, 서로 다른 종임에도 비슷한 역할을 하는 유전자들도 발견됐다. 이와 동시에 적어도 화학 물질인 DNA 사이에서는 동물과 인간은 물론이거니와 단세포생물과 다세포생물의 차이가 거의 없다는 사실이 알려지게 됐다. 현대의 생물학자들은 서로 다른 생물종들의 유전자를 자르고 이어붙이는 유전자 재조합을 일상적으로 수행한다. 만약 유전자를 구성하는 DNA 사이에 배타적 차이가 있다면 이런 일은 불가능할 것이다. 하지만 그런 일은 없기에 우리는 곤충의 유전자를 넣은 옥수수를 만들고, 대장균에게 인간의 유전자를 넣어 인슐린을 만들게 한다. 이런 사실들은 인간 역시 동물의 일종이며 동물과 마찬가지로 인간 행동의 근원이 유전자에 숨어 있음을 의심하게 만들었다.

◉ 다시 행동의 유전적 기원으로 ✳ 인간 행동의 근본적 원인을 찾기 위해 사람들은 다시 본성과 양육이라는 해묵은 주제로 돌아갔다. 행동유전학이라는 학문이 만들어진 것도 이 즈음이었다. 행동유전학이란 말 그대로 특정 행동을 나타나게 하는 유전자적 근원 혹은 진화적 근간을 찾는 학문이다. 행동유전학에서 가장 많이 이용하는 연구방법은 쌍생아 연구와 입양아 연구다. 유전적 일치도가 다른 일란성 혹은 이란성 쌍둥이와 선천적 태생과 다른 환경에서 자라난 입양아들을 대상으로 하여 유전과 환경 중 어느 쪽이 인간 행동에 더 큰 영향을 미치는지 살펴보는 것이다.

먼저 쌍생아 연구를 살펴보자. 일란성 쌍둥이의 경우 하나의 수정란이 갈라져 생겨나므로 이들은 겉모습뿐만 아니라 유전적 특질도 100% 일치한다. 하지만 이란성 쌍둥이의 경우 2개혹은 그 이상의 수정란에서 각각 발생하므로 태어나는 시기만 일치할 뿐 유전적 일치도는 보통의 형제자매와 마찬가지로 50%다. 만약 인간의 특성이 환경의 영향을 받는다면 같은 가정에서 자라난 쌍둥이들은 유전적 일치도가 100%인 일란성 쌍둥이나 50%인 이란성 쌍둥이나 유사성의 차이가 없이 자랄 것이다. 하지만 인간의 특성이 본성의 영향을 크게 받는다면 유전적 일치도가 다른 일란성 쌍둥이와 이란성 쌍둥이가 보이는 유사성은 다르게 나타날 것이다. 입양아 연구에서 살펴보고자 하는 것도 같다. 입양아와 그들의 생물학적 부모, 친형제자매들은 서로 유전자는 공유하지만, 성장 환경은 분리되어 있어서 유전과 환경의 영향 중 어느 쪽을 크게 받는지 연구하는 데 도움이 된다. 입양아와 그들의 생물학적 부모 혹은 형제 사이에 평균 이상을 넘어서는 행동의 유사성이 발견된다면 이는 유전적 특성에 기인하는 것이고, 그런 점이 없거나 혹은 전혀 다르다면 이는 성장 환경과 교육의 차이에서 오는 것이기 때문이다.

세계 각국에서 오랜 세월에 걸쳐 연구된 쌍생아 연구와 입양아 연구 결과를 종합하여 살펴보면 지능과 성격, 특정 직업에 대한 흥미도 등 개인의 정신적 특질과 행동이 환경보다는 유전적 특성의 영향을 더욱 많이 받는다는 사실이 알려졌다. 심지어 출생 이후 서로 떨어져 입양되어 자라난 일란성 쌍둥이는 성인이 돼도 지능지수나 성향, 직업에 대한 선호도, 이성을 보는 관점 등에서 많은 부분을 공유한다는 사실이 밝혀졌다. 특히나 어린 시절에는 환경의 차이에 따라 영향을 많이 받지만, 성인이 되어갈수록 환경보다는 타고난 유전적 성향이 더욱 두드러지게 나타났다. 이와 같은 사실을 토대로 인간에게는 '타고난 특성'이 많은 부분을 차지한다는 쪽으로 다시 무게추가 쏠렸다. 인간에게 타고난 특성이 '매우' 중요하다는 뜻은 매우 많은 의미를 지닌다. 이는 자칫 인간의 행동 수정이 지극히 어렵다는 뜻으로 해석돼 부정적 행동을 보였던 이들에 대한 계도를 포기하게 만들 수 있다. 예를 들어 범죄자의 범죄 성향을 그가 타고난 반사회적 기질 탓으로 여긴다면, 그는 교화가 불가능한 대상이 되고 이는 결국 범죄자들을 교화시키려고 노력하기에 앞서 그들을 단죄하고 사회에서 격리해버리는 방법을 사용할 가능성이 높아진다는 것이다. 이런 경향이 지속된다면 결국 이미 범죄를 저지르는 이들뿐 아니라, 아직 범죄를 저지르지는 않았어도 유전적 특성상 반사회적 성향이 있는 것으로 여겨지는 이들에 대한 차별을 가져와 우생학의 부활로 이어질 수도 있다.

● 유전-환경의 되먹임 고리에 대한 이해 ＊ 오랜 대립의 결과, 유

전과 환경 즉 인간 행동의 전제가 되는 이 두 가지 기둥의 역할을 바로
이해하기 위해서는 둘 중 어느 한쪽을 결정적인 원인으로 바라보는 흑
백 논리의 시각에서 벗어나 이들을 서로가 서로에게 영향을 주는 상호
보완적인 요인으로 바라보는 시각이 필요하다는 것으로 의견이 모아지
고 있다. 따라서 유전과 환경은 독립적으로 존재하는 것이 아닌, 하나
의 존재로 인해 다른 하나의 존재의 특성이 달라지는 되먹임 고리로 보
는 것이다. 실제로 우리는 많은 특성을 이미 태어날 때 지니고 태어난
다. 하지만 그 특성이 어떤 형식으로 발현되는지는 환경에 따라 얼마든
지 달라질 수 있기에 극단적인 유전자 환원주의나 극단적인 환경결정론
은 모두 문제가 있다는 것이다.

　사람들의 이런 생각에 결정적 인상을 심어준 데에는 한 소녀의 비극
이 있었다. 1970년 미국 캘리포니아에서 한 소녀가 구출됐다. 학자들이
지니Genie란 이름을 붙여 준 이 소녀는 끔찍한 가정 폭력의 피해자였다.
정신이 온전하지 못했던 지니의 아버지는 아이가 갓 돌이 된 이후부터
골방에 가두고 방치했고, 시각장애자였던 어머니는 지니에게 어떤 도
움도 주지 못했다. 이러한 처참한 환경 속에서 지니는 무려 12년 동안
이나 골방에 갇혀 타인과의 접촉을 차단당한 채 살아왔다. 처음 구출됐
을 때 지니는 13살이었지만, 심각한 영양실조로 7세 정도로 보였고 말
도 거의 하지 못했다. 지니의 성대를 비롯한 발성기관에는 문제가 없었
지만, 아무도 그녀에게 말을 걸어주지 않았기에 지니는 말을 배우지 못
했던 것이다. 처음에 학자들은 낙관했다. 비록 그녀에게 일어난 사건은
끔찍했지만, 이제라도 따뜻하게 돌봐주고 적절하게 교육하면 제대로 된
언어를 구사하는 정상적인 성인으로 자랄 수 있을 것이라 기대했던 것
이다. 하지만 그들의 예상은 빗나갔다. 지니는 이후 4년간에 걸친 언어
치료를 받았지만, 결코 제대로 된 언어를 구사하지 못했다. 기억력에는
문제가 없었으므로 시간이 지나자 지니가 외울 수 있는 단어의 수는 늘

어났지만, 아무리 시간이 지나도 지니는 이들을 적절히 조합해 문장을 만들어내지 못했고, 언어를 이용한 의사소통도 할 수 없었다. 결국 이 불행한 사건은 인간의 특성에 대한 중요한 사실 하나를 알려줬다. 즉, 인간은 누구나 언어를 배울 수 있는 능력은 태어날 때부터 지니고 있지만, 출생 이후 적절한 언어 자극을 받지 못한다면 언어를 배울 수 없다는 사실이었다. 이 불행한 사건 속에는 '우리 인간의 특성은 환경이라는 필터를 거쳐 발현된다'는 사실이 담겨 있었던 것이다.

○ **화학적 거세, 과연 성범죄의 대안일까** ＊ 다시 처음으로 돌아가 보자. 성범죄자에 대한 화학적 거세는 인식의 변화와 과학적 뒷받침이 가능해지면서 시작됐다. 즉, 성범죄자는 성적 충동을 자제하는 못하는 생물학적 특징을 가진 존재들로 규정하고, 성적 충동을 억제하는 약물 개발이 시작된 것이다. 화학적 거세에서 사용되는 대표적인 약물은 데포-프로베라와 루프론 데포가 있다. 데포-프로베라는 원래 여성용 경구피임약으로 개발된 호르몬제인데, 남성에게 주사하면 테스토스테론의 분비를 억제 성충동을 억제하는 효과가 있음이 알려져 화학적 거세에 쓰이고 있다. 루프론 데포 역시 화학적 거세 목적이 아니라 테스토스테론 분비를 억제해 전립선암을 치료하기 위해서 개발된 약물이다. 하지만 테스토스테론의 감소는 전립선에 생긴 암세포뿐만 아니라 성적 충동 역시 억제하기 때문에 루프론 데포로 치료받은 환자들의 상당수가 성욕 감퇴를 호소하자, 이를 성범죄자들에게 적용시키자는 생각이 나타났다.

이에 성범죄자들에 대해 강력한 대처를 외치던 미국의 캘리포니아 주에서 1996년 처음으로 성범죄 재범자들에 대한 화학적 거세를 도입하면서 미국뿐만 아니라 유럽 등지의 여러 국가에서로 퍼져나갔다. 실제로 화학적 거세법은 성범죄 감소에 효과가 있다고 한다. 미국 캘리포니아 주에서는 화학적 거세법을 도입한 이후 약 27%에 달하던 성범죄 재발률이 8%로 떨어졌고, 다른 나라에서도 이와 비슷한 변화가 보고되었다. 이에 국내에서도 2010년 처음 이 제도를 도입했고, 2012년 9월 4

데포-프로베라는 원래 여성용 경구피임약으로 개발된 호르몬제다. 남성에게 주사하면 테스토스테론의 분비를 억제해 성충동을 억제하는 효과가 있다는 사실이 밝혀진 뒤 화학적 거세에 쓰이고 있다.

일 청와대에서 열린 제37회 국무회의에서는 '성충동 약물치료^{일명 화학적 거} _세'를 받는 성범죄자 대상을 확대해야 한다는 논의에 따라 회의가 열리기도 했다.

성적 충동은 테스토스테론의 영향을 크게 받기 때문에 이 호르몬의 수치를 저하시키면 분명히 성적 충동은 감소될 것이기에 범죄 발생 하락에도 영향을 미칠 것이라 생각된다. 하지만 화학적 거세를 최근 잇따라 일어나는 끔찍한 성범죄의 근본적인 치유법이라고 받아들여서는 곤란할 듯싶다. 인간은 분명 선천적 기질의 영향을 받는 존재이기는 하지만, 인간의 모든 행동의 원인을 기질 탓으로 치부하기는 어렵다는 사실을 우리는 이미 역사적으로 알고 있다. 물론 반대의 경우도 마찬가지다. 어려운 환경에서도 올바르게 성장하는 사람들이 많은 것처럼 범죄와 악행의 근원을 열악한 환경 탓으로 돌리는 것도 부당하다. 인간은 기질적 성향에 따라 다르게 태어나지만, 환경에 따라 기질은 다르게 발현될 수도 있기 때문이다.

성범죄가 잇따라 일어나는 것이 그 사람이 유난히 기질적으로 테스토스테론이 많이 분비되어서일 수도 있지만, 그를 둘러싼 환경이 순간적 충동을 억제할 수 있는 의지와 충동을 다른 방향으로 풀어낼 수 있는 완충 역할을 제대로 해내지 못하기 때문일 수도 있다. 특히나 근래 들어 성범죄가 늘어나는 것처럼 보이는 것은 현대인들의 테스토스테론 수치가 유난히 더 높아서라기보다는, 빠르게 변화하는 세상 속에서 현대인들에게 요구되는 기질들은 더욱더 신속하고 급박한 것들인데 반해 사회는 더욱더 각박하고 메말라지니 순간적 충동을 다스리지 못하는 탓이 크다. 인간성을 스스로 포기한 범죄자들에게 엄중한 처벌을 통한 사회질서 유지는 분명 필요하겠지만, 범죄의 근본적 원인을 생물학적인 것으로 단정 짓는 것은 매우 위험한 발상일 수 있다.

◉ **우리가 할 수 있는 것** ＊ 인간은 저마다 다른 모양과 다른 크기의 가능성의 그릇을 가지고 태어난다. 따라서 환경의 차이로 개인이 지닌 가능성의 모양과 최대 용

성범죄자의 재범을 막기 위해 전자팔찌나 전자발찌를 이용해 감시하고 있지만, 범죄를 100% 막을 수는 없다.

사회 전체에 퍼져 있는 스트레스를 적절하게 해소할 수 있는 시설을 확대하는 것이 강력 범죄를 줄이는 데 적합할 수도 있다.

량을 변화시키는 것은 극히 어려운 일이다. 하지만 저마다 다른 크기와 모양의 가능성의 그릇을 완전히 채워 개인이 가지고 태어난 역량을 십분 발휘하게 하거나 혹은 그릇에 아무 것도 담지 못하게 하여 개인의 역량을 극도로 제한하는 것은 전적으로 환경의 몫이다. 우리는 생물학적 존재들이고 생물이라면 다양성과 변이를 기본 특징으로 가지기에 개인마다 선천적인 차이는 나타날 수밖에 없다. 하지만 인간의 선천적 특징은 그대로 드러나는 것이 아니라 환경이라는 필터를 거쳐서 나타나기에 적절한 필터를 이용한다면 개인의 긍정적 특성을 최대로 발휘시키고, 부정적 특성은 최소로 감소시키는 것이 가능하다. 또한 개인이 타고난 선천적 특질은 손쓸 방도가 없지만, 개인을 둘러싼 환경의 질적 수준은 얼마든지 개선이 가능하지 않은가. 자꾸만 늘어나는 강력 범죄가 걱정된다면, 개인의 유전자나 호르몬 수준, 반사회적 성향을 파악하여 기준치 이상의 사람들을 제재하는 방법을 취하기보다는 스트레스를 건전하게 풀어낼 수 있는 사회적 완충망의 개선과 범죄에 대한 철저하고 엄격한 처벌 등의 환경적 필터를 변화시키는 것이 더욱 현실적인 대응이 될 수 있다는 점을 잊지 말아야 한다.

체 중 학

성 우 수 장

뇌 탐 쟁 사 주

논 입 사 자

전 윤 리

카 카 학 오 톡

필자 **윤신영**

연세대학교에서 도시공학과 생명공학을, 서울대학교 대학원에서 환경학을 공부했다. 《어린이과학동아》를 거쳐 《과학동아》 기자로 일하고 있다. 환경과 보건, 에너지, 고인류, 물리 분야에 관심이 많다. 라디오 환경 코너를 진행했고, 환경단체 소식지 고정 필자로도 활동 중이다. 『노벨도 깜짝 놀란 노벨상』(과학동아북스, 2012), 『과학, 10월의 하늘을 날다』(청어람미디어, 2012, 공저) 등을 쓰고, 옮긴 책으로는 『소셜 네트워크』(과학동아북스, 2012)가 있다. 로드킬에 대한 기사로 2009년 미국과학진흥협회(AAAS) 과학언론상을 받았다.

멀티버스로 가는 은하철도

프랑스의 천문학자 카미유 플라마리옹이 1888년에 펴낸 책 『대기권 : 일반기상학』에 실린 목판화. 15~16세기에 만들어진 작자 미상의 작품이다. 중세의 선교사로 추정되는 인물이 하늘의 끝으로 나가고 있다. 오늘날 우주의 끝을 탐구하는 우리가 바로 이런 심정이 아닐까.

그림 하나를 가만히 들여다보자. 프랑스 천문학자 카미유 플라마리옹이 1888년 펴낸 책에 실려 있는 삽화다. 『대기권 : 일반기상학』이라는 책으로, 여기에는 작가가 알려지지 않은 목판화 하나가 실려 있다. 르네상스 시대의 신학자나 선교사 같아 보이는 남성이 '하늘의 끝'을 막 나가고 있는 극적인 모습을 그리고 있다. 둥근 반원으로 그려진 '천구' 아래는 컴컴한 밤하늘이 펼쳐져 있고, 그 아래에 무수한 별과 달 그리고 태양이 있다. 땅은 평평하다. 하지만 천구의 경계를 넘어서는 순간, 하늘은 이제껏 보지 못한 새로운 풍경으로 변한다.

우주 시대가 열리기 전인 당시는 그 어떤 인류도 하늘의 끝에 나가본 적이 없다. 따라서 이 목판화에서 하늘 밖의 세상은 전적으로 상상력에 의지해 그려졌다. 구름과 함께 신성한 빛이 가득한 환상적인 모습으로.

1969년 인류는 지구 밖 천체인 달에 처음으로 발을 내딛었다. 카미유 플라마리옹의 책에 등장하는 목판화 속 주인공의 바람이 이루어진 것일까?

지금은 다르다. 오늘날 인류는 하늘 밖이 어떻게 생긴지 안다. 대기권 너머로 인공위성을 쏘아 보낸 지 반세기가 훨씬 넘었고, 인류는 아예 다른 천체^달까지 다녀왔다. 성능 좋은 망원경을 짓고 일부는 지구 밖으로 보내 더 넓은 하늘 밖을 탐색했다. 그 결과 지구는 특별할 것 없는 하나의 천체^{행성}이고 지구 대기권 너머에 무수한 다른 천체가 있으며, 코페르니쿠스 시대 이후 우주의 중심이라고 생각했던 태양은 전혀 특별하지 않다는 사실을 서서히 깨달을 수 있었다. 생명체, 그중에서도 지적 생명체인 인류가 산다는 점에서 특별한 존재로 여겨졌던 지구와 태양은 더는 우주의 '중심'이 아니었다.

인류는 우주의 시작과 경계마저 연구했다. 천체물리학 이론과 각종 천문학 관측 장비를 이용해 우주가 137억 년 전 대폭발로 태어났고, 이후 급격히 팽창하는 '인플레이션' 단계를 거쳐 오늘날과 같이 별과 은하, 빛이 있는 우주가 태어났다는 이론을 세웠다. 우주는 이후로도 계속 커지고 있는데, 천문학자들은 우주가 어떤 속도로 커지고 있는 지까지 계산할 수 있었다.

플라마리옹의 그림이 나타내고 있는 르네상스 시대 이후 겨우 몇 백 년밖에 지나지 않았지만, 인류는 이제 그림 속 신학자와는 달리 '하늘의 밖'에 무엇이 있는 지 안다. 이제 우주에 대한 의문은 풀린 걸까.

그렇지 않다. 또 다른 의문이 생긴다. 우주가 태어나 커지고 있다는 것은 크기가 있다는 뜻이고, '경계'가 있다는 말이다. 그 끝에는 무엇이 있을까. 아무 것도 없는 무의 공간일까. 영어로 우주를 나타내는 '유니버스^{universe}'라는 말을 살펴보자. 접두사인 '유니^{uni}'는 하나를 의미하는 단어다. 우리 우주가 유일한 우주이며 전체라는 생각을 담고 있다. 그런데 만약 우주에 끝이 있다면 '우주의 밖'도 존재한다는 뜻이다. 혹시 우주 밖에 또 다른 우주가 있는 것은 아닐까('여러 개의 우주'라는 뜻에서 '다중우주^{multiverse}'라고 부른다).

하늘에 대해 잘 알게 되면 알게 될수록 하늘은 넓어져갔다. 마치 산 너머 무엇이 있을까 궁금해 한 사람이 마침내 산을 올라가 더 넓은 세상을 보려고 시도하듯, 이제 오늘날의 과학자들은 머리를 우주 밖으로 내밀고 있다. 당신도 마찬가지다.

자, 당신은 우주를 여행하는 티켓을 손에 들고 있다. 이제 하늘의 끝으로 머리를 내밀었던 르네상스 시대의 신학자의 심정으로 은하철도에 몸을 싣는다. 낯선 우주가 눈앞에 펼쳐지려는 참이다.

⬤ **〈차장의 안내방송〉 다중우주 여행에 앞서 명심할 내용들** * "다중우주로 여행하는 은하철도에 탑승하신 승객 여러분 반갑습니다. 저는 여러분을 목적지까지 안내할 차장입니다. 여행에 앞서 먼저 밝혀야 할 사실이 두 가지 있습니다. 우선 다중우주 이론은 어디까지나 머릿속에서 만들어진 순수한 이론이라는 사실입니다. 우리는 우리 우주조차도 제대로 모릅니다. 따라서 우리 우주 밖을 탐색하는 데에는 한계가 있죠. 이 한계는 단순히 기술이나 지식의 한계가 아닙니다. 우주에 존재하는 가장 빠른 관찰 수단(빛 등 전자기파)조차도 도달할 수 없는 곳이 있기 때문에 오는 근본적인 한계입니다. 이 말은 다중우주를 영원히 '검증'할 수 없을지도 모른다는 뜻입니다.

과학에서 검증은 무척 중요한 요소입니다. 검증을 통해 사실로 밝혀지거나 잘못된 것으로 밝혀지면서 과학은 발전합니다. 하지만 그럴 수 없다면 이런 과학을 무엇하러 연구하는가 하는 비판에 부딪힐 수 있겠죠. 그러다 보니 미국 뉴욕 시립대 마시모 피글리우치 교수는 저서 『이것은 과학이 아니다』에서 다중우주를 과학이 아니라 '거의 과학'으로 분류하고 있어요. 사이비 과학을 의미하는 '유사과학'은 아니지만, 온전한 과학으로 인정하기는 좀 힘들다는 뜻이지요. 물론 이 이론을 진지하게 연구하는 과학자들은 그렇게 생각하지 않겠지만요.

더구나 검증이 안 되다 보니 일단 이론이 만들어지면 그 이론이 여러 사람에 의해 계승, 발전되는 것이 아니라 그 모습 그대로 화석처럼 남는다는 단점도 있어요. 다시 말하면 이론이 발전할 여지가 별로 없다는 뜻입니다. 물론, 이런 어려운 이론을 연구하는 연구자 자체도 적지만 말이에요.

또 다른 문제는 상상의 한계에서 오는 한계예요. 인류는 선천적으로 우리 우주 밖을 상상할 수 없습니다. 4차원 시공간(3차원 공간과 1차원 시간) 속에 사는 인류는 이보다 높은 차원의 세상을 머릿속에 그려낼 수 없죠. 경험해본 적이 없거든요. 따라서 만약 아무리 읽어도 머릿속에 다중우주가 어떻게 생겼는지 잘 떠오르지 않는다면, 그건 정상이니 너무 걱정하지 않아도 된답니다. 이 글에서는 인류가 상상할 수 있는 차원으로 비유해 그린 그림이 등장하는데, 어디까지나 비유임에 유의해 주세요."

◉ 〈출발〉 테그마크 교수의 4단계 다중우주

✻ 이제 열차가 출발했다. 본격적으로 다중우주의 세계를 탐색하자. 이 분야 연구를 가장 잘 정리한 최근 문헌은 물리학자 미국 컬럼비아 대학교 브라이언 그린 교수가 쓴 『멀티 유니버스 원제는 '숨겨진 실체'』다. 여기에는 모두 9가지 다중우주 이론이 상세히 소개돼 있다. 하지만 이보다 앞서서 다중우주 논의에 불을 댕긴 과학자가 있다. 바로 미국 MIT 물리학과 막스 테그마크 교수다. 테그마크 교수는 2003년 '평행우주'라는 논문에서 평행우주는 다중우주와 같은 뜻으로 많이 쓰이는 용어다 4단계 다중우주를 상세히 소개하고 제안한 바 있다. 비교적 체계적으로 분류했기 때문에 지금도 가끔 소개되고 있다. 물론 모든 학자가 이 방식에 동의하는 것은 아니다. 그린 교수는 4단계로 다중우주를 분류하지 않았지만, 순서에는 비슷한 면이 있다.

지금부터 은하철도를 타고 대표적인 다중우주를 한 군데씩 방문해보도록 하자. 먼저 테그마크 교수의 4단계 다중우주를 찾고, 이어서 최신 끈이론이 예측하는 다중우주 두 곳을 방문한다.

◉ 〈제1정거장〉 비슷한 우주가 반복되는 '누벼이은 다중우주'

✻ '우리 우주와 똑같다. 은하가 있고 별이 빛나고 있다. 별 다른 차이를 느끼지 못하겠다. 어디엔가 지구나 태양과 비슷한 별이 있을 것만 같다.'

'누벼이은 다중우주'에 가면 아마 이런 느낌을 받을 것이다. 우리 우주의 확장판이라고 볼 수 있는 다중우주기 때문이다.

누벼이은 다중우주라는 말은 물리학 전문 번역가이며 대진대학교 물리학과 초빙교수인 박병철 박사가 『멀티 유니버스』에서 쓴 번역어를 땄

관측 가능한 우주 범위 밖에서 우주가 멈춘다는 증거는 없다. 이런 우주가 하나하나의 우주를 구성한다고 보면 전체가 다중우주를 이룬다.

다. 영어로는 '패치^{옷 등의 조각} 다중우주'라고 부르며, '허블볼륨 다중우주'라고 부르기도 한다. 허블볼륨은 우주 팽창으로 별이 지구에서 멀어지는 속도가 빛의 속도보다 작은 지역을 의미하는데, 보통은 관측 가능한 우주를 의미한다^{하지만 테그마크 교수 등이 쓴 『우주와 궁극의 실체』라는 책에 따르면, 실제로는 관측 가능한 우주는 허블볼륨보다 크다. 따라서 이는 잘못된 용어다.}

누벼 이었다는 용어에서 알 수 있듯, 이 우주는 여러 개의 천을 기워 옷을 만들 듯, 또는 모자이크처럼 색과 도형을 조각조각 맞춘 듯 끊임없이 이어진 우주를 의미한다. 현재 인류가 관측할 수 있는 우주의 범위는 400억~420억 광년이다. 빛도 속도가 있기 때문에 이 이상은 인류가 아무리 기술을 발전시켜도 확인할 수 없다. 그 어떤 외계생명체도 마찬가지다. 물리적인 한계다. 그런데 420억 광년 뒤에 우주가 끝난다는 증거는 없다. 서울대학교 물리천문학부 이형목 교수는 "지평선^{관측 가능한 우주의 끝} 부근에 있는 우주에 대한 연구가 충분하지는 않지만, 그 너머의 우주도 우리 우주와 물리적인 조건은 같다는 것이 현재의 결론"이라고 말했다. 다시 말하면 우주는 그 밖으로도 계속 이어진다는 뜻이다. 그러므로 물리적으로 확인 가능한 420억 광년 거리 안쪽 우주를 우리 우주로 본다면, 그 밖에는 또 다른 우주가 놓여 있다고 볼 수 있다.

여기까지 이해가 갔다면 우주는 무한히 확장된다. 우리 우주 끝에 놓인 또 다른 우주 역시 반지름이 420억 광년인 하나의 우주라고 볼 수 있다. 그 우주 끝에는 또 다른 우주가 있을 것이다. 이런 식으로 끝도 없이 우주가 이어져 있다면? 이 모두가 하나의 독립된 다중우주가 된다!

그런데 만약 이런 우주가 무한히 늘어선다면 대단히 재밌는 현상을 발견할 수 있다. 나와 똑같은 사람, 즉 '도플갱어'가 나올 가능성이 있다.

테그마크 교수가 2003년 계산해본 결과를 보면, 지금 우리 우주에는 전자, 광자, 쿼크 등의 '입자'가 10^{118}개 있다. 입자 하나를 2진 부호로 계산해 보면 우주에 존재하는 배열의 경우의 수는 $2^{10^{118}}$개다. 만약 이 경우의 수에 맞는 우주를 하나씩 모은다고 생각해 보자. 공간이 얼마나 필요할까. 테그마크 교수는 $10^{10^{118}}$m면 다 모을 수 있다고 봤다(테그마크 교수는 2006년에도 같은 계산을 했는데, 이때는 $10^{10^{115}}$m였다. 브라이언 그린 교수는 다른 방식으로 계산해 $10^{10^{122}}$m라는 결과를 얻었다. 조금씩 차이가 나지만, 아무튼 엄청나게 크다!).

이 말은, 만약 우주 전체 크기가 무한하다면, 평균 $10^{10^{118}}$m마다 한 번씩은 우리 우주와 똑같은 우주가 나올 가능성이 있다는 뜻이다. 인류가 감히 상상조차 할 수 없는 어마어마한 경우의 수지만, 논리적으로는 충분히 일어날 수 있는 일이다. 누벼이은 다중우주 어딘가에서 지금 당신과 똑같은 사람이 커피를 마시고 있을지도 모른다.

◉ 〈제2정거장〉 지구 최후의 날 볼 지 모를, '영원한 인플레이션 다중우주' ＊ 논리적으로 명쾌한 누벼이은 다중우주는 여러 물리학자나 천문학자들이 존재할 것이라 보는 다중우주다. 하지만 지금부터 등장하는 다중우주는 논란이 많다.

누벼이은 다중우주는 우리 우주 너머에 존재할 뿐 우리 우주의 연장과도 같기 때문에 모든 물리법칙이 동일하다. 하지만 다중우주가 꼭 그럴 이유는 없다. 테그마크 교수가 2단계로 분류한 다중우주는 물리법칙이 완전히 다른 우주다. 다시 말해 우주의 기본법칙을 지배하는 여러 가지 물리 상수가 다르다. 중력가속도가 다르고 우주상수가 다르고 입자의 질량이 다르다. 그 결과는? 빛도 물질도 힘도, 우리 우주와는 전혀 다른 우주다.

어떻게 이런 우주가 나타날 수 있을까? 테그마크 교수가 꼽은 2단계 우주의 예는 '영원한 인플레이션 다중우주'다. 1990년대 중반, 미국 스탠퍼드 대학교 물리학과 안드레이 린데 교수가 제안했다. 앞서 우주가 대폭발로 태어나 짧은 시간 안에 급팽창한 시기가 있다고 했다. 잘 알려진 '인플레이션 우주론'이다. 그런데 린데 교수는 인플레이션이 한 번으로 끝나지 않을 수 있다고 본다. 물리학에서 인플레이션은 '인플라톤'이라는 입자 때문에 일어난다고 보는데, 이 입자가 높은 에너지 상태에서 낮은 에너지 상태로 떨어질 때 인플레이션이 일어난다.

그런데 양자역학에서는 입자가 딱 꼬집어 말할 수 없는 복잡하고 불규칙적인 요동을 보일 수 있다. 그 결과 우주 여기저기에 인플라톤의 에너지가 일정하지 않게 된다. 이 말은 인플라톤이 간혹 예상치 못했던 행보를 보일 수 있다는 뜻이다. 그 예상치 못했던 행동의 결과는 인플레이션이 부분적으로 또 일어나는 일이다. 다른 곳보다 인플라톤 에너지가 큰 지역에서 갑자기 급팽창이 일어나며 새끼 우주가 생긴다. 이 우주는 계속 팽창하며 하나의 새로운 우주를 이룬다. 인플레이션이 새로 일어났으니 모든 물리법칙이 다르다. 그리고 전체 우주는, 굳이 묘사하자면 나뭇가지처럼 갈라져 포도송이처럼 주렁주렁 새끼 우주가 달린 모습이 된다린데 교수가 초창기에 묘사한 모습. 또는 마치 빵 또는 스위스 치즈 속 기포처

영원한 인플레이션 다중우주는 두 가지 형태로 묘사된다. 첫 번째는 영원한 인플레이션 이론을 처음 제시한 안드레이 린데 미국 스탠퍼드대 물리학과 교수가 묘사한 포도송이 모양(위)이다. 오늘날에는 테그마크 교수가 '빵 속 기포'라고 묘사한 형태로도 많이 표현된다.

럼, 우주 안에 작은 우주가 가득 들어 있는 모습이 될 수도 있다^{그린 교수가} 묘사한 모습.

이런 추가 인플레이션은 우주에서 한 번 일어나고 끝나는 게 아니라, 언제 어디서든 갑자기 일어날 수 있다. 지금 이 글을 읽고 있는 여러분의 눈앞에서 일어날 수도 있다. 눈앞에 새로운 우주가 생겨나 순식간에 커져서 새로운 우주가 된다? 미국 과학잡지 《사이언티픽 아메리칸》은 2010년, 이런 현상을 '지구 최후의 날' 시나리오 중 하나로 꼽기도 했다. 하지만 정말 지구가 멸망할지는 알 수 없다. 앞에서 말했듯 다중우주가 어떤 모습이며 어떤 영향을 끼칠지는 아무도 모르니까.

양자역학의 '다세계 해석'에 따르면, 우주는 양자의 파동함수에 따라 끊임없이 갈라진다. 하나하나의 우주가 다중우주를 구성한다.

○ 〈제3정거장〉 당신의 선택이 우주를 가르는 '양자 다세계 해석' *
세 번째 우주는 양자역학의 해석이 만든 신기한 다중우주다. 지금 여행을 하고 있는 당신을 예로 들어보자. 당신은 언제든 이 여행을 그만둘 수 있다. 티켓을 환불하고 영원한 인플레이션 다중우주에 눌러앉아 살 수도 있고, 아니면 그리운 지구를 향해 귀환 열차를 탈 수도 있다. 그런데 이때마다 이상한 일이 벌어진다. '당신이 영원한 인플레이션 다중우주에 눌러앉은 우주'와 '지구로 귀환하는 우주'가 각각 벌어진다. '여행을 계속하는 우주' 역시 생긴다. 세 우주에 각각 당신이 산다. 그리고 갈라진 우주는 그대로 각자의 운명을 끝까지 이어간다.

만화같이 기괴한 이 이야기는 역설적으로 현대 물리학의 근간인 양자역학에서 시작된다. 양자역학에서는 양자^{입자}의 상태나 정보가 하나로 고정돼 있다고 보지 않는다. 대신 다양한 가능성을 품은 함수 형태로 표현된다. 이 말은 위치 등 양자의 성질이 똑부러지게 정해져 있지 않다는 뜻이다. 예를 들면 양자의 '위치' 조차 분명하게 말할 수 없다. 양자는 당신 손바닥 위에 있을 수도 있고 아주 작은 확률이겠지만 달나라에 있을 수도 있다.

손바닥 위와 달나라 중 어디 있는지 알려면 측정을 해야 한다. 그런데 이렇게 측정해 양자의 상태를 결정하는 과정이 양자의 상태를 나타내는 함수^{파동함수}에는 없다. 다시 말해 양자의 상태를 결정하는 함수로는

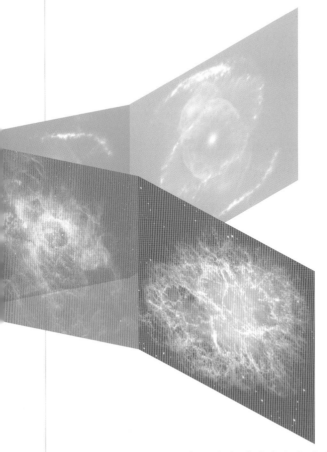

눈으로 확인한 양자의 상태를 정작 결정할 수 없는 것이다. 이런 모순을 해결하기 위해 여러 가지 양자역학 해석이 등장했는데, 그중 하나가 많은 과학자가 따르는 '코펜하겐 해석'이다. 이에 따르면, 양자 파동함수는 관측과 동시에 무너진다'붕괴한다'고 표현한다. 그 순간에는 함수가 작동하지 않는다는 뜻이다. 그리고 양자가 달나라에 있는지 손바닥 위에 있는지 비로소 결정된다. 아주 이상한 설명이지만, 사실 이렇게 놓고 양자의 성질을 확률과 통계로 풀면 실제 현상과 아주 잘 맞아떨어진다. 따라서 이 해석은 오늘날까지 널리 받아들여져 쓰이고 있다.

그런데 이 현상을 다르게 해석한 과학자가 있다. 미국의 휴 에버렛 3세라는 물리학자다. 에버렛 3세가 만든 이론에 따르면, 관측 순간 파동함수는 붕괴하지 않는다. 양자는 다만 달나라와 손바닥 위 모두에 동시에 존재한다. 말이 안 된다고? 맞다. 하지만 이 다음이 백미다. 우주는 관측 순간 양자가 손바닥에 존재하는 우주와 달나라에 존재하는 우주로 나뉜다. 파동함수는 붕괴하지 않고 그대로 존재하지만, 대신 우주가 두 개로 나뉘게 됐다. 그리고 두 곳은 이 양자의 상태만 서로 다를 뿐 다른 모든 조건이 똑같다.

이런 해석은 '양자 다세계 해석'이라고 부른다. 이에 따르면, 우주는 매 순간 무수히 많은 다중우주로 갈라지고 있다. SF 같은 이야기라고 생각할지 모르지만, 브라이언 그린 교수는 오히려 이쪽이 코펜하겐 해석보다 과학적으로 모순이 없다고 이야기할 정도로 설득력이 있는 이야기다.

이 해석의 최대 난점은 검증이다. 갈라진 우주에서는 서로 정보를 주고받을 수 없다. 이제 곧 제4정거장으로 향할 당신이, 지구로 귀환하는 다른 우주의 당신에게 메시지를 보낼 방법은 전혀 없다.

⬤ 〈제4정거장〉 **수학적 매트릭스 세상, '시뮬레이션 다중우주'** ✳ 이제 테그마크 교수가 제안한 4단계 다중우주 중 마지막 단계를 여행할 차례다. 이 우주 역시 대단히 황당하다. 하지만 역시 이론적으로 충분히 가능하다.

영화 '매트릭스'의 세계를 기억하는가. 우리가 보는 세계 이면의 실체가 드러날 때, 우리는 깜짝 놀라게 된다. 4단계 다중우주는 우리의 실체를 그에 맞먹게 충격적으로 드러낼 수 있다고 본다. 바로 '수학으로 이뤄진 세상'이다.

시뮬레이션 다중우주는 실제 우주와 수학 사이에 차이가 없다고 주장한다. 황당해 보이지만 아주 틀린 말은 아니다. 바로 직전의 양자 다세계 해석에서 양자의 위치를 설명하는 것이 파동함수라고 했다. 이 말은 양자의 성질이 모두 함수 형태로 설명된다는 뜻이다. 심지어 그 해석에 따라서 우주가 갈라지기도 했다. 우주를 설명하기 위해 수학이 동

시뮬레이션 다중우주는 수학이 곧 물리적 우주와 같다고 본다. 상상할 수 있는 어떤 물리법칙이 지배하는 우주라도 만들 수 있다.

원된 것인지, 아니면 수학이 있었기에 우주가 생겨난 것인지 차이를 밝힐 수 있을까. 닭이 먼저냐 달걀이 먼저냐는 식으로 말이다. 그런데 궤변 같지만, 이런 문제에서 새로운 다중우주가 탄생한다. "그렇다면 아예 수학적으로 우주를 만들 수도 있지 않을까?"

컴퓨터로 수학적 우주를 만든다고 해보자. 여러 가지 물리법칙을 가진 우주를 꼼꼼히 시뮬레이션해서 그 안에서 우주가 탄생하고 진화한다고 생각해 보자. 이들 하나하나는 물리적 실체를 가진 우주와 구별이 되지 않는다. 상상할 수 있는 모든 수학적 우주를 만들 수 있으니 무궁무진하기도 하다. 어쩌면 우리 우주도 이런 우주 중 하나는 아닐까. 그래서인지, 테그마크 교수는 시뮬레이션 다중우주를 '궁극적 다중우주'라고 표현하기도 했다.

⦿ **〈중간 기착지 안내방송〉 이제 끈이론 다중우주의 세계로** ✳ "안녕하세요. 첫 번째 여행지인 테그마크 교수의 4단계 다중우주를 여행하신 소감이 어떠신지요. 그럴 듯한 곳도 있고 도저히 이해가 가지 않는 곳도 있었을 겁니다. 어쩌면 한번 살아보고 싶은 마음이 드는 다중우주가 있을지도 모르겠군요.

지금부터는 최신 끈이론이 예측하는 다중우주로 안내합니다. 끈이론은 우주가 '끈'이라고 부르는 2차원 구성성분, 또는 '브레인'이라고 부르는 다차원 성분으로 이뤄져 있다는 이론입니다. 끈이론은 우주가 10~11차원으로 돼 있다고 보기 때문에 4차원에 사는 우리의 머리로는 전혀 상상할 수 없습니다. 굳이 표현하자면 2, 3차원으로 대강 묘사할 수 있을 뿐이에요. 조금 머리가 아프겠지만, 요즘 가장 유명한 2개의 이론이니 한번 방문해 보셔도 좋을 것 같습니다. 그럼, 출발합니다."

⦿ **〈제5정거장〉 시간에 따라 나타나는 '주기적 다중우주'** ✳ 주기적 다중우주 cyclic multiverse는 천문학자 사이에서도 꽤 널리 알려진 다중우주다. 유명한 천체물리학자가 제안했기 때문이다. 이 다중우주 역시 발상의 전환을 해야 이해가 간다.

혹시 이사한 경험이 있다면 옛날에 살던 동네에 가 보자. 이상한 기분이 들 때가 있을 것이다. 어려서 다녔던 목욕탕 건물이 세탁소로 변해 있고 문구점이 중국집으로 변해 있다. 그러면 문득 당신이 살던 옛날의 동네와 지금 새로운 동네가 전혀 별개의 세상으로 느껴질 것이다. 만약 우주가 이런 식으로 완전히 변해 버린다면, 전혀 새로운 우주가 나타났다고 할 수 있지 않을까. 공간적으로 나란히 늘어선 우주가 아닌, 시간적으로 늘어선 우주 말이다. 물리학에서 시간과 공간은 다 같은 '차원'의 일종이다. 전깃줄에 참새가 줄지어 앉아 있다고 해보자. 1차원 공간선에 동시에 여러 개의 다중우주가 존재하는 것으로 비유할 수 있다. 만약 전깃줄을 공간이 아니라 시간으로 비유하면? 시간에 따라 여러 개가 존재하는 다중우주가 된다.

그런데 '느낌'에 불과할 것 같은 이런 생각이 실제로 최신 다중우주의 아이디어와 일치한다. 미국 프린스턴 대학교 물리학과 폴 스타인하르트 교수가 제안한 '주기적 다중우주'다. 다만 조건이 있다. 우주가 완전히 끝났다가 다시 태어나야 한다. 우주 밖에는 아무 것도 없다. 따라서 우주가 끝났다면 그건 말 그대로 우주가 없어졌다가 다시 나타난다는 말이다. 둘 사이에는 연결고리가 없다.

스타인하르트 교수는 이런 아이디어를 끈이론을 통해 자세히 설명했다. 최신 끈이론인 'M이론'에서는 1차원의 끈부터 CD 모양의 2차원 끈, 튜브 모양의 3차원 끈 등 9차원까지 다양한 차원의 끈이 있다고 본다. 이들을 통틀어 '브레인'이라고 부른다. 이런 끈이 11차원'초'끈이론은 10차원 공간 속을 둥둥 떠다니며 움직인다고 본다. 주기적 다중우주에 따르면, 우리 우주도 이런 브레인 중 하나다. 이런 브레인이 서로 충돌하기도 한다. 우리가 사는 브레인우리우주 근처에도 또 다른 브레인이 하나 더 있어서 어느 순간 충돌하는데, 스타인하르트 교수는 그것이 바로 대폭발빅뱅이라고 봤다. 일단 대폭발이 일어나면 브레인은 서로 천천히 멀어진다. 그리고 각각의 브레인우주은 팽창한다. 우리가 지금 보는 우주가 이런 상태다.

시간과 영원. 만약 해변에서 모래성을 쌓았다 무너뜨리길 반복한다면, 각각의 모래성은 그 시공간마다 하나씩 존재했던 독립된 성이다. 우주도 마찬가지다.

빅뱅

❶ 충돌이 일어난다.

평행한
다중우주(브레인)   우리 우주(브레인)

분리

❷ 우주는 팽창하며
물질 밀도는 낮아진다.

팽창

❸ 멀어지는
속도가 느려진다.
최종적으로
정지한 뒤 다시
서로 가까워지기
시작한다.

재접근

❹ 점차 가까워져
충돌한다.
브레인(우주) 팽창
속도는 빨라진다.

브레인 충돌 다중우주

우리 우주가 끈이론의 고차원 시공간을 떠다니는 3차원
공간(브레인)이라고 보고, 근처에 있는 다른 브레인(평행한
다중우주)과 주기적으로 충돌을 일으킨다고 보는 가설이다.
이 그림에서는 우리가 볼 수 있는 공간(3차원)에서
묘사하기 위해 브레인을 2차원 평면으로 묘사했다.

이후 브레인이 서로 멀어지는 속도는 천천히 느려진다. 그리고 어느 순간 속도가 역전되며 다시 서로 가까워진다. 그 결과는? 다시 대폭발이 일어나며 우주는 '다시 태어난다'. 이런 일이 주기적으로 반복된다.

주기적 다중우주는 공간이 아니라 시간에 따른 다중우주로, 대단한 발상의 전환이다. 이 이론이 갖는 또 하나의 발상의 전환은, 시간에 대한 생각을 바꿨다는 점이다. 기존 대폭발 우주론에서는 우주가 태어나기 전의 시간에 대해 설명할 수가 없다. 하지만 주기적 다중우주에서는 대폭발 이전의 시간에 대해 고민할 필요가 없다. 우주 이전에도 시간은 있었고 우주 이후에도 시간은 있다. 아까 비유한 전깃줄 위의 참새처럼, 시간이라는 이어진 차원 위에 우주가 참새처럼 연달아 앉아 있을 뿐이다.

◐ 〈제6정거장〉 '풍경 다중우주' ✳ 마지막 다중우주는 끈이론 연구가들 사이에서 가장 주목받는 다중우주다. 우리나라 끈이론 연구가들도 관련 연구를 한 적이 있다. 하지만 아직 그 실체를 밝히기에는 갈 길이 멀다.

'풍경 다중우주'라는 말은 우리나라에도 소개된, 이 분야의 석학이자 미국 스탠퍼드 대학교 물리학과 레너드 서스킨트 교수의 책『우주의 풍경』에서 따왔다. 영어로는 '랜드스케이프'로 쓰며, '경관', '풍경', 또는 그냥 랜드스케이프 다중우주라고 부른다.

풍경 다중우주를 이해하려면 먼저 우주상수에 대해 알아야 한다. 현재 우주는 점점 더 빨리 팽창하고 있다. 이를 '가속 팽창'이라고 한다. 가속 팽창하는 우주를 발견한 학자들은 2011년 노벨 물리학상을 받았다.

우주를 이렇게 점점 가속시키는 에너지는 무엇일까. 아직 밝혀진 사실이 없어서 '암흑에너지'라고 뭉뚱그려 이야기하곤 하지만, 아인슈타인이 제안한 '우주상수'가 유력한 후보 중 하나다. 우주상수는 우주를 '밀어내기 위해' 아인슈타인이 방정식에 도입한 항이다.

우주상수는 밀어내는 힘을 가진 항이므로 양수여야 한다. 음수가 나오면 우주는 팽창하지 않고 쪼그라들어 사라진다. 양수라도 너무 크면 우주가 흩어질 것이다. 우리 우주의 관측 결과와 일치하려면 0을 간신히 넘는 아주 작은 값이어야 한다. 우리 우주는 분명히 존재하기 때문에, 이론이 옳다면 우리 우주의 우주상수 값만큼은 계산을 통해 구할 수 있어야 한다. 다른 다중우주는 둘째 치고라도 말이다.

끈이론 연구가들은 이런 우주상수를 끈이론을 통해 확인하려 노력해 왔다. 문제는 아직까지 그 값을 얻지 못했다는 점이다. 연구를 했던 고등과학원 물리학부 이필진 교수는 "음수인 우주상수는 무수히 많이 10^{1000}개 구했지만, 양수인 해는 현재까지 한 가지 종류만 알려져 있다"며 "끈이론 내부에서도 수학적으로 다중우주가 있느냐에 대해 여전히 확신하지 못하고 있다"고 말했다.

그럼 어떻게 하면 하필 우리 우주와 '딱 맞는' 우주상수를 어떻게 얻어낼 수 있을까. '후보'가 많으면 된다. 이를 위해 끈이론에 대해 조금

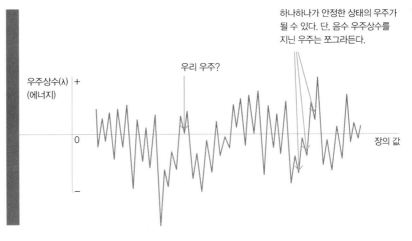

하나하나가 안정한 상태의 우주가 될 수 있다. 단, 음수 우주상수를 지닌 우주는 쪼그라든다.

우주상수(λ)
(에너지)

우리 우주?

0

장의 값

랜드스케이프 다중우주의 모습은 제2우주(영원한 인플레이션 다중우주) 중 빵의 기포 모양을 한 우주와 비슷하다. 공간 안에 우주상수가 다른 또다른 새끼 우주가 생기며, 이 과정이 반복되며 다중우주가 된다.

알아보자. 최신 끈이론인 M이론에서는 우주가 11차원초끈이론은 10차원이라고 본다고 했다. 그런데 우리 우주는 시간까지 4차원에 불과하다. 나머지는 어디 있을까. M이론에서는 나머지가 아주 작은 공간에 꼬인 채 숨어 있다고 본다. 이를 '여분차원'이라고 본다. 길이가 10^{-33}cm 크기로 아주 작아 관찰은 불가능하다.

여분차원은 끈이 몇 개가 꼬인 형태로 묘사되는데 꼬인 형태와 수, 에너지 등에 따라 서로 다른 조합이 나온다. 무려 10^{500}개다. 여분 차원 하나하나는 나름의 우주상수를 지닐 수 있다. 우주 아주 작은 곳에 무수히 깔려 있는 어마어마하게 많은 여분차원 중 양의 우주상수를 지닌 곳은 언제든 팽창해 새 우주가 될 수 있다. 마치 제2정거장에서 만난 영원한 인플레이션 다중우주와 비슷하다. 포도송이 또는 빵 속 기포 모양으로 우주가 계속 생겨난다. 이렇게 다양한 우주상수를 지닌 우주 전체 목록을 서스킨트 교수는 '풍경'이라고 불렀고, 이런 우주 하나하나가 다중우주라고 보는 것이 풍경 다중우주다. 우리 우주는 이런 풍경 우주 가운데 하나다.

풍경 다중우주 이론은 강력한 생각의 전환을 불러온다. 과거 코페르니쿠스가 지구가 우주의 중심이 아님을 알렸다면, 이제는 우리 우주조차 주인공이 아님을 알리고 있기 때문이다. 앞서 10^{500}개나 되는 우주상수가 가능하다고 했다(앞서 테그마크 교수가 우주에 존재하는 모든 입자의 수를 모두 센 값이 10^{118}개였던 점을 기억해 보라. 그 값을 네제곱을 한 값보다도 많은, 정말 어마어마한 수다). 따라서 이 안에 우리 우주와 일치하는 특성을 가진 우주상수가 있을 가능성이 얼마든지 있다. 이 말은 다시 말하면, 별을 만들고 은하를 구성하며 생명을 탄생시킨 '절묘한' 우리 우주의 우주상수가 사실은 별 게 아니라는 뜻이기도 하다. 그저 10^{500}개나 되는 후보 가운데 하나일 뿐이다. 우리 우주는 사실은 별로 특별할 게 없는 셈이다.

⬤ (차장의 귀환 방송) **다중우주, 정말 존재할까** ＊ "이제 저희가 준비한 다중우주 여섯 가지를 모두 둘러봤습니다. 여행 초반에 말씀 드렸듯, 모두 이론으로만 존재하며 검증이 쉽지 않습니다. 그나마 처음 소개한 누 벼이은 다중우주는 간접적으로나마 '관측 가능한 우주 너머'가 존재한 다는 사실이 알려져 있습니다. 그리고 논리적으로 그 밖에 우주가 계속 될 가능성이 높죠. 하지만 다른 우주는 순전히 이론으로만 남아 있습니다. 주창자와 몇몇 동조자 외에는 이론을 계승, 발전시킬 수도 없다는 단점도 이미 말씀 드렸습니다.

그밖에도 몇 가지 비판을 소개해 드릴게요. 영원한 인플레이션은 마치 포도송이처럼, 또는 빵 속 기포처럼 우주가 자란다고 했어요. 그 경우 우주가 공간적으로 서로 충돌할 수도 있지 않을까요. 가지가 무성해진 나무가 가지가 서로 엉키 듯이요. 그런 흔적을 찾으려는 노력이 있지만, 아직은 성공하지 못했답니다. 양자 다세계 해석 역시 검증에 문제가 있죠. 현실적인 문제도 있습니다. 『멀티 유니버스』의 번역자인 박병철 박사는 "무수히 갈라진 '나'의 세계와 '너'의 세계가 서로 만난 것은 어떻게 이해해야 하나"라며 의문을 표시했습니다. 듣고 보니 당신과 제가 만난 것도 신기하네요. 어딘가에는 우리가 서로 모른 채 사는 세계도 분명 있을 텐데 말이죠.

끈이론 다중우주는 끈이론 자체가 아직 검증되지 못했다는 단점이 있습니다. 끈이론은 검증하려면 아직도 많은 시간이 필요하기 때문에 많은 과학자를 애태우고 있어요. 하지만 주기적 다중우주는 간접적인 근거를 연구할 수 있습니다. 바로 중력을 통한 시공간의 요동인 '중력파'를 검출해 우주 탄생 직후를 연구하는 방법이에요. 이형목 교수는 "주기적 다중우주 이론에서는 빅뱅 직후 중력파가 나오지 않는다고 보지만 보통 인플레이션 우주론에서는 중력파가 나온다"고 말했어요. 중력파는 지금도 계속 검출기를 업그레이드하며 검출을 시도하고 있으니 조만간 밝혀지겠죠? 마지막으로 풍경 다중우주는, 양수 우주상수 자체가 거의 나오지 않아 고전 중이랍니다.

자, 어떠신가요? 일부 과학자들은 여전히 다중우주가 연구할 가치가 없는 주제라고 생각해요. 우리 우주를 비롯해 연구할 분야가 매우 많은데 우주 바깥까지 연구해야 하느냐는 거죠. 더구나 검증하기 어려운 '거의 과학'인데 말이에요. 하지만, 이 글 처음에 보여 드렸던 목판화를 생각해 보세요. 하늘의 끝에 무엇이 있는지 궁금해 했던 신학자가 하늘 밖의 '비밀의 영역'을 엿보듯, 우리가 우주 바깥을 탐구하려는 건 어쩌면 우주의 비밀에 조금이라도 더 가까이 다가가고 싶기 때문일지도 모릅니다. 이번 은하철도 여행이 여러분의 소원을 이루는 데 조금이라도 도움이 됐으면 좋겠네요.

마지막으로 제가 좋아하는 시 구절을 한 편 소개하면서 마칠까 합니다. 다중우주 또는 평행우주를 생각하는 과학자 또는 당신의 심정이 바로 이럴 것이라고 생각하는데, 여러분은 어떠신지요?"

빛 속에서 이룰 수 없는 일은 얼마나 많았던가
이를테면 시간을 거슬러 가서
아무것도 만나지 못하던 일,
평행의 우주를 단 한 번도 확인할 수 없던 일

(허수경, '빛 속에서 이룰 수 없는 일은 얼마나 많았던가' 중에서)

05

원자

진과 다 인 과

과 힘 스

인 화 학 트

행 자 동 공 성

화 력 자

애 화 팡 과

니 유

필자 **김규태**

1999년 고려대학교 과학기술학협동과정에서 '과학철학 및 과학사'를 전공하여 석사학위를 받았으며, 2008년 같은 대학원 박사과정을 수료했다. 1999년 《전자신문》에 취재기자로 입사해 코스닥 증권시장 등을 담당했다. 정보통신부, 통신사업, 반도체 분야의 전문기자로 활동했으며 한양대학교에서 과학철학 및 과학사회학을 강의했다. 현재 동아사이언스 《더사이언스》 편집장을 맡고 있다. 지은 책으로는 『칩 하나에 세상을 담다』(클릭앤클릭, 2007, 공저), 『이공계 글쓰기달인』(글항아리, 2010, 공저) 등이 있다. 한국과학기자협회에서 수여하는 '2012 올해의 송곡기자상'을 수상했다.

첫째도 안전,
둘째도 안전

백지를 한 장 펴 놓고 맨 위에 '원자력'이라는 단어를 일단 써보자. 그리고 원자력이라는 말을 듣고 생각나는 것들을 써내려가 보자.

'후쿠시마', '원전', '방사능', '방사선', 'X선', '퀴리부인', '노원구 아스팔트', '체르노빌', '고리', '갑상샘암 치료', '기형아', '전력난', '핵폭탄', '원자력병원' 등 …….

필자 주변에 원자력 분야와 무관한 일반적인 시민을 대상으로 약식 조사를 했더니, 이러한 단어들을 언급했다. 과학적으로 조사한 것은 아니지만 시민들이 '원자력' 관련해서 어떤 이미지를 갖는지 짐작할 수 있다.

제목과 단어들이 언급된 종이의 윗부분을 가로 방향으로 접은 뒤, 종이 전체를 세로 방향으로 다시 접게 했다. 종이에는 'T' 자형으로 접힌 자국이 생겼다. 그리고 종이 왼쪽 부분에는 부정적인 단어를, 오른쪽에는 긍정적인 단어를 쓰도록 했다.

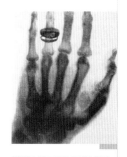

빌헬름 뢴트겐이 X선을 처음 발견했을 당시 찍은 부인의 손가락 사진.

2011년 11월 서울 노원구의 한 도로에서 방사선이 검출됐다. 구청이 아스팔트를 걷어내 따로 보관했으나, 구민들이 반발하며 폐아스팔트를 구청 입구에 옮겨놓았다(왼쪽). 2011년 3월 동일본대지진으로 인한 정전사태로 후쿠시마 원자력 발전소가 피해를 입었다(오른쪽).

왼쪽에는 '후쿠시마', '원전', '방사능', '방사선', '노원구 아스팔트', '체르노빌', '고리', '기형아', '전력난', '핵폭탄' 등이 적혀 있었다. 오른쪽에는 'X선', '퀴리부인', '갑상샘암 치료', '원자력병원' 등이 쓰여 있었다.

아마도 시사적인 이슈에 큰 관심이 없는 사람들도 최근 원자력과 관련된 많은 사건 사고로 인해 이 같은 단어들을 쉽게 떠올릴 것으로 보인다. 부정적인 단어가 더 많이 떠올랐다는 점, '방사능' 같이 중립적인 단어도 부정적으로 해석되는 것을 볼 때, 보통 사람들은 원자력을 위험한 것으로 생각하는 경향이 큰 것으로 보인다.

그렇다면 원자력이 어떻게 쓰이고 있는지, 부정적인 이미지를 갖게 한 원자력발전소의 사고들, 원자력에 대한 과학적인 정보와 용어는 어떤 것들이 있는지 그리고 원자력의 미래는 어떻게 펼쳐질지 생각해보자.

마리 퀴리는 남편인 피에르 퀴리와 함께 방사성 원소인 라듐을 발견했고, 방사선 시대를 열게 됐다.

● 원자력이란 무엇일까? ＊ 중학교 교과서에서 물질을 구성하는 가장 기본적인 입자를 '원자'라고 배운다. 원자를 과학적으로 발견하기 이전인 그리스 시대부터 '물질을 쪼개고 쪼갠 뒤 더 이상 쪼갤 수 없는 물질'로 규정했다.

그런데 20세기 초에 원자를 더 쪼갤 수 있다는 사실이 밝혀졌다. 양성자, 중성자, 전자로 쪼개질 수 있는 사실이 알려지면서 원자는 원자핵과 전자로 구성된 것으로 보고 있다. 원자핵은 원자의 중심에 양성자와 중성자가 결합되어 있는 것이다.

20세기에 과학자들은 원자핵과 또 다른 소립자들을 열심히 연구했다. 그러다 원자핵이 2개로 분열할 수 있다는 것을 알게 됐다. 하나의 원자핵이 더 가벼운 원자핵으로 나눠지면서, 에너지를 방출하는 것이다. 보통 2개의 원자핵으로 분열한다. 이때 원래의 질량이 가벼운 2개의 원자핵으로 분열하고 남은 질량이 에너지로 나오는 데, 이를 보통 '원자력'이라 부른다.

방사선과 원자력의 발견 역사를 살펴보면 위인전 등에서 볼 수 있던 과학자들의 이름이 나온다. 우선 병원에서 자주 쓰는 X선을 발견1895년한 빌헬름 뢴트겐이 나온다. 뢴트겐은 이 공로로 1901년 노벨 물리학상을 수상했다.

거의 같은 시기에 앙리 베크렐이 1896년 우라늄염을 연구하다가 방사선이 나온다는 사실을 발견했다. 2011년 후쿠시마 원전 사고 이후 우리 귀에 익숙해진 '베크렐Bq'이라는 단위로 유명해진 과학자다. 그리고 가장 유명한 과학자라고 할 수 있는 마리 퀴리가 등장한다. 마리 퀴리는 남편인 피에르 퀴리와 공동 연구로 라듐을 발견했고, 이 공로로 방사선을 발견한 베크렐과 함께 1903년 노벨 물리학상을 수상했다.

뢴트겐, 베크렐, 퀴리 부부 등은 자연적으로 일어나는 핵분열 속에서 방사선이 나오고, 방사능을 가진 물질이 있다는 사실을 알아냈다. 이후 과학자들은 인공적으로 방사능 물질을 만들 수 있는 방법을 찾아내기 시작했다.

이윽고 1930년대 오토 한, 리제 마이트너 등이 원자핵이 중성자에 의해서 둘로 분열한다는 사실을 알아냈다. 원자핵이 둘로 분열하면서 에너지를 내는 현상, 즉 '원자력'에 대해서 비교적 정확하게 밝혀낸 것이다. 이후 이탈리아계 미국인 과학자인 엔리코 페르미가 핵분열을 연속적으로 일어나게 할 수 있는 방법을 찾았다. 원자핵에 중성자를 충돌시키면, 원자핵은 가벼운 2개의 다른 원자핵으로 나눠지면서 에너지와 중성자를 내놓고, 이런 중성자가 또다시 다른 원자핵과 충돌하면서 계속해서 핵분열이 일어나는 것이다.

핵분열 할 때 나오는 에너지는 아인슈타인의 '질량-에너지 등가원리 $E=mc^2$'에 기반을 둔다. 핵분열 이후 발생한 원자핵의 질량 차이만큼이 에너지로 발산되는 것이다. 보통 우라늄 1g은 석탄 3t이나 석유 9드럼을

1895년 X선을 발견한 빌헬름 뢴트겐. X선은 지금도 질병을 진단하는 데 없어서는 안 될 방사선으로 쓰이고 있다.

태웠을 때 내는 에너지와 같은 것으로 알려졌다.

과학자들이 발견한 원자력은 크게 원자폭탄^{핵폭탄}과 원자력발전으로 사용된다. 독일에서 오토 한과 리제 마이트너 등이 핵분열을 한다는 사실을 밝혀낸 것은 1930년대. 1939년부터 유럽은 제2차 세계대전에 휩싸이게 됐다. 당시 독일에서는 히틀러가 유대 인을 탄압했고, 유대 인과 연관됐거나 히틀러 체제가 싫은 과학자들이 미국으로 망명했다.

과학자들은 미국 정부에 독일이 원자폭탄을 만들 수 있다고 경고했고, 이 정보를 들은 미국 정부는 미국 뉴멕시코 주의 외딴 작은 도시인 로스 알라모스에 비밀리에 실험실을 차리고 원자폭탄을 개발하기 위한 '맨해튼 프로젝트'를 진행했다. 마침내 1945년 7월 16일 원자 폭탄 개발에 성공했고, '리틀보이^{Little Boy}'와 '팻맨^{Fat Man}'이라는 명칭을 가진 원자폭탄이 만들어졌다. 리틀보이는 1945년 8월 6일 일본 히로시마에, 팻맨은 같은 달 9일 역시 일본 나가사키에 투하됐다.

원자폭탄은 많은 사상자와 후유증을 냈다. 이때부터 원자폭탄 하면 '죽음의 버섯 구름'을 떠올리며, 모든 것을 앗아가는 죽음의 사도라는 이미지를 갖게 된다. 원자폭탄 투하로 일본이 항복하고 제2차 세계대전은 종결됐다. 그러나 원자폭탄이 주는 트라우마는 현재까지 계속되고 있다.

1950년대에 들어서는 원자력을 살상용 폭탄이 아닌, 전기를 생산하는 에너지원으로 쓰자는 움직임이 일어난다. 미국 아이젠하워 대통령은 유엔^{UN}에서 '원자력의 평화적 이용'을 주장하면서 원자력 발전과 연구 등 평화적 목적을 위해 사용하는 국가들을 지원하겠다고 선언한다. 원자폭탄을 가능하게 한 핵분열의 원리를 인류 발전에 사용하겠다는 취지에서다. 또 1954년 국제원자력기구^{IAEA}가 창설되면서 원자력발전, 방사선 및 방사성 동위원소를 이용할 수 있는 길이 열렸다.

원자력발전과 원자폭탄의 원리는 같으면서도 다르다. 원자력발전에 주로 쓰는 우라늄을 예로 들어 보자. 우라늄235가 핵분열을 하면 약 2개의 중성자가 나온다. 이 중성자들은 인근에 있는 다른 우라늄235의 원자핵과 충돌하며 분열시킨다. 이렇게 되면 2개의 중성자로 인해 핵이

1945년 일본 히로시마에 투하된 원자폭탄 '리틀보이'(왼쪽 위)와 폭탄 투하 당시의 버섯구름(왼쪽 아래). 역시 일본 나가사키에 투하된 원자폭탄 '팻맨'(오른쪽 위)과 당시의 버섯구름(오른쪽 아래).

각각 분열되면서 또다시 빠르게 활동하는 중성자가 나타난다. 이 중성자들이 또다시 원자핵과 충돌하면서 연쇄적으로 핵분열이 일어나게 난다. 다만 이 반응이 매우 빠르게 일어나면 폭탄이 되는 것이고, 핵분열 속도가 서서히 일어나게 만들면 원자력발전이 된다.

원자력발전에서는 우라늄235 0.7%와 우라늄238로 이뤄진 천연우라늄이나 2~5%와 우라늄238로 만들어진 저농축 우라늄235를 사용한다. 천연우라늄 원료나 저농축 우라늄 원료로 핵분열이 서서히 일어나도록 한 것이 원자력발전이다. 이에 비해 원자폭탄은 우라늄235 농도를 93% 이상 사용해 순식간에 반응이 일어나도록 만든다.

원자력발전과 일반 화력발전은 물을 끓이는 보일러가 원자력의 핵분열 에너지를 이용하느냐, 석탄이나 석유 또는 천연가스 등을 태워서 나오는 열기를 이용하느냐의 차이다. 두 가지 발전 방식 모두 다 높은 온도의 에너지로 물을 끓여 기화시키고, 이렇게 나온 수증기를 이용해 터빈을 돌리면서 전기를 생산하는 것이다.

● **원자력발전** ✴ 원자력의 핵분열 에너지를 동력으로 사용하려는 움직임은 페르미가 핵분열 연쇄반응과 제어에 성공한 이후 시작됐다. 원자력을 동력으로 이용한 첫 번째 사례는 1951년 미국 아이다호 국립원자력시험장에 세워진 EBR-1이다. 이 원자로로 100kW 터빈을 구동하는 데 성공하면서 발전용 원자로의 길이 열렸다. 또한 잠수함 동력원으로 원자로도 개발됐으며, 1952년 최초의 핵잠수함인 노틸러스 호 건조에 성공했다.

실제 상업용 원전이 설립된 것은 1954년 구소련으로 알려졌다. 당시 정보가 적어 문헌마다 조금씩 다르지만 구소련이 오브닌스크에 5000kW급 원자력발전소를 세운 것이 최초라고 전해진다. 이 원전은 2002년까지 48년간 운전한 것으로 알려졌다. 두 번째 원전은 1956년 건설된 영국의 칼더홀 원전으로 6만kW급이며 세 번째가 1957년 미국의 십핑포트 원전이다.

이후 원전은 우리나라를 비롯해 세계 각국으로 확산됐다. 2012년 2월 현재 30개국에 443기의 원자력 발전소가 운영 중이다. 미국이 104기를 갖고 있으며, 프랑스와 일본이 각각 58기와 55기를 보유하고 있다. 세계적으로 사용되는 전력생산량의 14% 정도가 원자력 발전인 것으로 추정된다. 또한 15개국이 62기의 원전을 건설하고 있다.

한반도에서 원자력이 처음 거론된 것은 일제시대다. 과학기술정책연구원STEPI의 보고서 따르면 일본 이화학연구소가 제2차 세계대전 말 핵무기에 대한 기초연구를 하면서 북한 자원에 관심을 가졌다. 당시 일본은 우라늄 산화물이 포함된 희토류를 채굴해 인천항으로 반출하다가 미군에 압류당한 것으로 전해진다.

우리나라는 미국의 영향을 받아 원자력을 도입했다. 1953년 아이젠하워 미국 대통령이 유엔총회에서 '원자력의 평화적 이용'이란 연설을 통해 '우방국들에게 원자력발전 기술을 제공하겠다'고 제안함에 따라 기술이전이

미국에서 처음으로 상업 운전을 시작한 십핑포트 원자력발전소.

우리나라 최초의 원자력 발전소인 고리 1호기. 이후 우리나라에는 총 22기의 원전이 운전되고 있다.

이뤄졌다. 이승만 대통령은 당시 미국 에디슨사 회장을 지낸 워커 리 시슬러 박사와 만나 원자력 연구개발에 뛰어들었다. 1956년 3월 9일 대통령령에 따라 문교부 산하에 원자력과가 만들어졌고, 1959년에는 원자력연구소를 설립했다. 1962년 3월 19일 연구용 원자로에 처음 핵연료가 장전됐다.

우리나라 최초 원자로는 연구용 원자로인 트리가 마크-Ⅱ TRIGA Mark-Ⅱ다. 교육training, 연구research, 동위원소 생산isotope과 제조회사미국 GA사를 의미하는 트리가는 미국이 생산한 소형 연구용 원자로로, 우리나라는 1950년대 말과 1960년대 말 1기씩을 들여왔다. 트리가 마크-Ⅱ는 1995년 가동이 정지될 때까지 30여 년 동안 방사성 동위원소 생산, 방사선을 이용한 농작물 품종 개량 연구, 중성자 이용 물질 구조 연구 등에 쓰였다.

상업용 원자력발전이 시작된 것은 고리 1호기가 가동에 들어간 1978년 4월 29일이다. 이후 1983년 4월 월성 1호기, 1983년 7월 고리 2호기가 가동되면서 당시 전체 발전량의 18.3%를 담당하면서 주요한 전력원으로 급부상하게 된다. 국내 원전은 2012년 7월 현재 22기^{고리6기, 영광 6}기, 월성 4기, 울진 6기가 가동 중이며 설비용량은 총 1만 9716MW로 전체 발전 설비 용량의 24.5%를 점유하고 있다. 특히 우리나라는 발전 설비를 국산화한데 이어 2009년 아랍에미리트^{UAE}에 한국형 원전을 처음 수출하기도 했다.

해방 이후 북한은 구소련에 영향을 받아 원자력에 관심을 갖기 시작했다. 북한은 구소련과 공동으로 우라늄자원 탐사와 개발을 추진했으며, 과학자를 보내 연수를 받기도 했다.

1955년에 김일성종합대학 물리학부에 핵물리강좌를 개설하고, 다음 해 과학원 수학물리연구소에 핵물리실험실을 설치하고 연구를 시작했다. 1970년대에는 김일성종합대학 물리학부에 핵물리학과를, 화학부에 방사화학과를 개설했다. 김책공업종합대학에 핵재료학과, 핵전자공학과, 원자로학과, 물리공학과, 응용수학과 등 핵물리 전공 학과를 5개나 설립하며 본격적인 원자력 연구 인력 양성에 나섰다.

1983년 영변 지역에서 핵무기 원료로 전환하기 위한 중간 물질인 '6 불화우라늄^{UF6}' 생산공정이 개발됐다. 1986년에는 5메가와트^{MW}급 원자로가 가동되고, 1989년에는 재처리시설의 부분 가동도 시작됐다. 전문가들은 이 무렵부터 북한이 영변 원자로에서 생산된 플루토늄으로 핵무기 개발을 시작한 것으로 보고 있다. 국방부에 따르면 1983년부터 70여 차례 고폭 실험이 진행됐고, 2006년 10월 9일에는 핵폭발 실험이 진행돼 세계를 놀라게 했다. 이춘근 STEPI 박사는 2009년 5월 발간한 '북한의 핵 및 로켓기술 개발과 향후 전망'이라는 보고서에서 "연간 6~7kg 가량의 플루토늄 생산이 가능하며 핵무기 생산과 관련된 핵심 인력이 200명 정도"라고 분석했다.

🔘 사상 최악의 원전 사고 ✳ 20세기 중반, 원자력은 폭탄이 아니라 제3의 불로 꼽히며 에너지 혁명을 가져올 것이라는 기대를 한 몸에 받았다. 특히 1970년대 초 이른바 유가가 급등하면서 오일쇼크가 발생하자 세계 곳곳으로 확산된다.

그러나 원자력발전은 난관에 부딪치게 된다. 원자력발전소에서 사고가 났기 때문이다. 1979년 3월 28일 미국 펜실베이니아 주 스리마일 섬에 있는 원전에서 사고가 발생했다. 원자로의 1차 순환에서 압력을 조절해주는 감압 장치가 고장이 나면서 냉각재가 누출됐다. 원자로에서는 핵분열로 인해서 생긴 열기를 냉각해주는 냉각재가 충분해야 대형 사고를 막을 수 있다. 그러나 원자력발전소 제어실의 운전원이 가압기 수치를 잘못 읽었다. 냉각재가 충분한 것으로 오해하고 비상 노심 냉각장치를 서둘러 중단시켰다. 뜨거운 열기로 인해 노심이 외부로 노출되면서 대형사고로 번졌다. 사고 후 15시간 50분 뒤에 냉각재가 다시 공급되면서 원전은 안정을 되찾았다.

다행히도 격납 용기가 제대로 갖춰져 있어 외부로 나온 방사선의 양은 크지 않은 것으로 조사됐으며, 현장 직원들도 심각한 피해는 입지 않은 것으로 나타났다. 이 사건은 원자력발전의 종주국이라는 미국에서 발생한 것이며, 또한 이 사건에 앞서 만들어진 재난 영화 '차이나 신드롬'과 거의 흡사한 방식으로 사고가 나면서 세계적으로 큰 충격을 줬다.

스리마일 섬 원전 사고는 예고편에 불과했다. 역대 최악으로 꼽히는 사고는 1986년 4월 26일 구소련 체르노빌^현 우크라이나에서 발생한 사고다. 체르노빌 원전 사고의 원인은 운전자들의 미숙함 때문이었다. 이 사고

미국 펜실베이니아 주 스리마일 섬에 있는 원자력발전소. 1979년 3월 냉각재가 누출되는 대형 사고가 있었다.

원자력발전 역사상 가장 큰 사고로 알려진 우크라이나의 체르노빌 원전자력발전소. 사고는 1986년 4월에 일어났으며 20여 년이 지난 지금도 폐허로 남아 있다.

는 당시 전기 기사가 원전이 정지한 상황에서도 터빈의 관성을 이용해 전기를 생산할 수 있는지 시험하다가 발생했다.

체르노빌 원전은 감속재로 흑연을 이용했다. 원자로 내에서 수소 폭발이 일어날 때 흑연이 함께 폭발함으로써 방사성 물질이 대거 유출되는 사태로 이어졌다. 흑연은 또한 방사성 물질이 더 멀리 날아가는 역할도 했다.

당시 폭발 현장에서 3명이 사망했고 복구에 참여했던 237명 가운데 3개월 내에 28명이 유명을 달리했다. 또한 이후 10년 동안 급성 방사선 장애로 14명이 추가로 사망하는 등 역대 최악의 사고로 기록됐다. 게다가 구소련 정부가 사고 사실을 은폐하려고 했고, 사고 이후에도 조사가 활발히 이뤄지지 않는 등 종합적인 부실 사고로 기록돼 있다.

피해 정도로는 체르노빌이 가장 크겠지만 기억에 가장 강하게 남은 사건은 후쿠시마 원전 사고다. 2011년 3월 11일 동일본 앞 바다의 대지진으로 지진해일이 발생했고, 이로 인해 후쿠시마의 원전이 피해를 입은 사건이다. 정확히 말해 후쿠시마 원전이 지진이나 지진해일의 직접 피해를 입은 것이 아니라, 지진해일에 의해 정전이 되고, 원자로의 안전을 지키는 냉각 장치가 가동되지 않으면서 큰 사건으로 번졌다.

원전의 원자로에 핵연료가 주입되고 중성자를 쏴서 충돌을 시키면, 핵분열이 일어나면서 열기가 발생한다. 이 열로 물을 끓이고 터빈을 돌려 전기를 생산한다. 그런데 핵분열이 일어나는 원자로에는 비상시에는 더는 핵분열을 하지 못하도록 하는 제어봉이 있다. 제어봉은 중성자를 흡수하는 물질로 만들어졌다. 제어봉이 연료봉 사이로 들어가면서 핵분열이 다시는 발생하지 않게 된다.

그러나 핵분열이 멈췄다고 하더라도 원자로 내에는 잔열이 남아 있다. 이 때문에 원자로가 정지된 기간에도 냉각수를 계속 주입해서 원자로의 온도를 낮춰줘야 한다. 특히 후쿠시마 원전처럼 대규모 원전에서 나오는 잔열은 소규모 연구용 원자로가 가동하는 상태 정도의 열을 가지고 있어 지속적으로 냉각이 필요하다.

후쿠시마 원전에서는 지진해일로 인해 주 전력이 끊겼고, 즉시 전력이 복구되지 않으면서 문제가 커졌다. 보통 원자력발전소에서는 비상 디젤발전기 등을 갖추고 있지만, 이 역시 침수로 가동되지 않았다.

냉각수가 공급되지 않자 원자로 내에 남아있던 기존의 냉각수들이 증발하기 시작했고, 결국 핵연료봉이 공기 노출되면서 용용되는 일이 발생했다. 게다가 증발한 수증기의 압력이 커져가고 있었고, 연료봉을 감싸고 있는 물질인 지르코늄이 수증기와 반응하면서 수소 가스가 나타나기 시작했다. 이 수소 가스는 결국 폭발을 했고 원자로 건물 외벽이 붕괴되는 사고로 이어졌다. 외벽 붕괴로 인해 원전 건물 안에 있던 방사성 물질이 대기 공중으로 퍼져 나가게 됐다. 이와 동시에 원자로의 노심이 용용됐고, 방사성 물질의 일부는 원자로 하단의 파손된 연결 부위를 통해서 외부로 흘러나왔다. 결국 한 달 정도 지난 뒤에야 사건이 안정화됐지만, 피해는 현재에도 진행 중이다.

◯ 국내 원전 고장

✳ 국내에는 22기의 원전이 상업 운전을 하고 있다. 그동안 후쿠시마, 체르노빌, 스리마일 섬과 같은 끔찍한 사고가 발생한 적은 없다. 보통 원전 등에서 일어나는 방사선 관련 사고는 백색비상, 청색비상, 적색비상 등 3단계로 나뉜다. 원자로가 있는 건물 내부에만 영향을 미치면 '백색비상', 시설 용지에까지 미치면 '청색비상', 용지 밖까지 영향을 주면 '적색비상'이 발령된다.

국내에 원자력이 도입된 이후 비상은 4회 발령됐으며 모두 백색비상이었다. 최근 사례로는 2010년 12월 9일 17일 신고리 1호기 시험가동 중 원자로 냉각수의 밸브가 열리는 사고가 발생했다. 이로 인해 냉각수 일부가 격납 건물 내부로 유출되면서 백색비상이 발령됐다. 또 2011년 2월 20일 대전 원자력연구원의 연구용 원자로인 '하나로'에서 실리콘을 담는 알루미늄 통이 수조 위로 떠오르면서 방사성 물질이 누출돼 백색비상이 발령됐다.

이외에 작은 고장들이 여러 번 발생했다. 특히 후쿠시마 원전 사고 이후 시민들이 원전에 대해서 공포를 느끼고 있는 가운데, 2012년 10월

우리나라에서 연구 중인 차세대 원전

그림에는 없지만 냉각재로 헬륨 가스를 쓰는 '가스냉각고속로', 용융한 염을 냉각재로, 흑연을 감속재로 쓰는 '용융염로', 초임계상태의 물을 냉각재로 쓰는 미래형 경수로 '초임계수냉각로'도 있다.

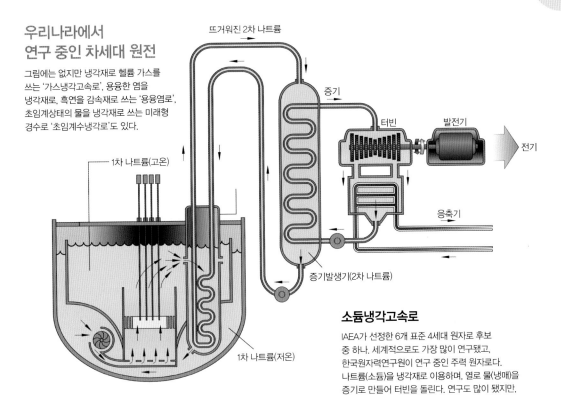

뜨거워진 2차 나트륨

증기

터빈

발전기

전기

1차 나트륨(고온)

1차 나트륨(저온)

응축기

증기발생기(2차 나트륨)

소듐냉각고속로

IAEA가 선정한 6개 표준 4세대 원자로 후보 중 하나. 세계적으로도 가장 많이 연구됐고, 한국원자력연구원이 연구 중인 주력 원자로다. 나트륨(소듐)을 냉각재로 이용하며, 열로 물(냉매)을 증기로 만들어 터빈을 돌린다. 연구도 많이 됐지만, 사고도 가장 많이 일어났던 모형이다. 나트륨이 근본적으로 불안정해서라는 주장도 있고(나트륨은 물에 닿으면 폭발한다), 부속 계통에서 일어난 사고라 원전 자체의 문제는 아니라는 주장이 맞서고 있다.

납냉각고속로

액체 상태의 납이 자연 순환하는 성질을 이용해 냉각재로 활용한다. 우리나라에서는 황일순 서울대 교수팀이 유일하게 연구 중이다. 세계적으로는 벨기에에 건설된 실험용 원전 '미라(MYRRHA)'가 있다. 납이 부분적으로 응고되는 현상과 일부 피복의 부식 문제가 단점으로 지적되지만, 연구진들은 납에 비스무스를 첨가하고 피복의 재료를 처리하면 개선할 수 있다고 보고 있다.

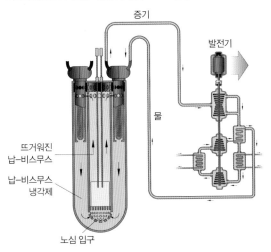

증기

발전기

물

뜨거워진 납-비스무스

납-비스무스 냉각제

노심 입구

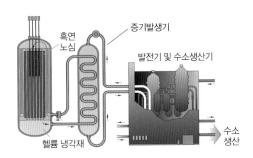

흑연 노심

증기발생기

발전기 및 수소생산기

수소 생산

헬륨 냉각재

고온가스로

한국원자력연구원이 연구 중인 또 하나의 차세대 원전. 고속로가 아니기 때문에 감속재(흑연)가 필요하다. 헬륨 가스를 냉각재로 쓴다. 헬륨은 반응성이 없기 때문에 안정하다. 우라늄을 연료봉 형태가 아니라 동글동글한 환처럼 만든 뒤 탄소 껍질을 입혀 노심 안에 채워 넣어 쓴다. 다른 에너지로도 활용할 수 있도록 복합발전소로 설계됐다. 수소를 생산할 수 있고, 공장 열도 공급한다.

까지 12차례 원전이 정지되면서 불안감이 커졌다.

특히 문제가 된 것은 2012년 2월 9일 고리 원전 1호기 점검 기간 중에 전원이 12분 동안 끊긴 사고를 은폐한 것으로 드러나면서 신뢰를 잃었다. 다행히도 실제 가동 중이 아니긴 했지만, 고장 내용을 즉시 알리고 조치를 해야 한다는 의무를 무시한 것으로 '안전불감증'이라는 비판을 받았다.

또한 조사 과정에서 전원이 끊겼을 때 바로 작동해야 할 비상 디젤발전기 2대도 움직이지 않았고 최후 수단인 예비 비상 발전기마저 먹통인 것으로 조사됐다. 이중 삼중의 안전장치를 갖추고 있다던 주장을 신뢰할 수 없게 된 것이다. 설상가상으로 올해 한국수력원자력은 납품 비리로 수사를 받기도 했다.

국내 원전과 관련된 가장 뜨거운 논란은 '노후 원전' 처리와 관련된 문제다. 1978년에 가동을 시작한 고리 1호기, 1983년에 가동한 월성 1호기 등이 이슈다. 특히 고리 1호기는 이미 30년이 넘어 1차례 재가동 승인을 받은 상태라 폐로를 할 것인지, 추가로 가동 기간을 늘려야 하는지를 놓고 논란이 일고 있다.

고리 1호기가 안전한지 검사하기 위해서는 원자로 압력용기가 튼튼한지 조사를 해야 한다. 원전 업무 주무부처인 지식경제부는 "전문가들이 심도 있는 조사를 해 '용접 부위에 대한 비파괴검사 결과 주의할 만한 수준의 내부 결함은 발견되지 않았다'고 발표한 바 있다. 이에 대해 원전을 반대하는 시민단체 측에서는 "파괴검사에서는 고리 1호기의 압력용기가 부적합 판정을 받았다"며 정부의 검사 방식과 해석에 근본적 문제가 있다며 대립각을 세우고 있다.

월성 1호기에 대해서도 원전 측은 안전하다는 입장이지만 2012년에만 3번 정지하면서 논란의 대상이 됐다. 이와 관련 지방의회 및 환경단체들은 "대형 사고가 발생하기 전에 수많은 경미한 사고와 징후들이 나타나는 것은 원전 스스로 문제가 있음을 알리는 신호"라며 원전 폐쇄를 주장하고 있다

원전에서는 핵연료와 같은 고준위 방사성 폐기물과 원전에서 사용하

는 피복, 장갑 등의 중저준위 방사성 폐기물이 나온다. 중저준위 방사성 폐기물은 원전뿐 아니라 방사성 동위원소를 이용하는 병원, 산업체 등에서도 나온다. 낮은 수준이지만 방사선이 나오기 때문에 보통 콘크리트 등으로 밀폐한 뒤 철제 드럼통에 넣고 밀봉해 보관한다.

우라늄 핵연료를 발전용 원자로에서 4년 반 정도 태우고 나온 고준위 폐기물을 '사용 후 핵연료'라고 부른다. 사용 후 핵연료는 우라늄 핵분열로 생긴 핵분열 생성물 5.2%, 우라늄이 중성자를 얻어 만들진 플루토늄 1.2%, 초우라늄원소 0.2%, 그리고 93.4%의 우라늄 찌꺼기로 구성돼 있다.

문제는 사용 후 핵연료가 강한 방사선과 높은 열을 낸다는 것이다. 사용 후 핵연료에 들어 있는 플루토늄 등은 반감기가 수천~수만 년으로 방사능을 매우 오랜 기간 내뿜는다. 사용 후 핵연료를 잘 보관하지 않으면 방사성 폐기물로 인해 2차 피해를 볼 수도 있어 엄격하게 관리를 해야 한다.

보통 사용 후 핵연료는 원자로에서 꺼낸 뒤에도 약 5년간은 물이 가득 찬 대형 수조 속에 보관한다. 냉각재인 물 속에 있으면 방사성 물질이 나오지 않으며 열기도 식힐 수 있기 때문이다. 이런 과정을 거친 뒤에도 40~50년간은 물 또는 공기로 냉각을 시키고 그 후에는 지하 500m 아래에 안전하게 저장하도록 한다.

우리나라는 경북 경주시에 중저준위 방사성 폐기물 처리장을 건설했다. 아직 고준위 방사성 폐기물 처리장은 없다. 원전은 늘어가고 임시 저장 수조는 꽉 차고 있다. 전문가들은 지금 같은 상황이 계속되면 2050년 우리나라 사용 후 핵연료 누적량이 약 4만 9000t에 이를 것으로 보고 있다. 이를 직접 처분하려면 경주 중저준위 방폐장 크기의 처분장 10개가 필요한 상황이다.

그렇지만 문제는 사회적 합의다. 비교적 안전하다는 중저준위 방사성 폐기물 처리장을 결정하는 데 엄청난 사회적 혼란을 겪었다. 사용 후 핵연료를 폐기할 고준위 방사성 폐기물 처리장 부지 선정 등에는 훨씬 큰 갈등이 우려된다.

작은 원전이 대세

그림에 표현된 아이디어는 대부분 원전 및 조선공학
전문가들이 연구 중이거나 가능성을 타진 중인 내용이다.
기존 대형 원전보다 활용처가 다양하지만, 아직
실현 가능성이나 타당성이 검증되지는 않았다.

선박 동력원
선박의 동력원으로 소형 원전을
이용한다. 안전을 위해 육상에
들어오지 않고 공해상에
정박한다. 부두에 접근하는
대신, 부두(모바일 허버)가 배에
다가와 하역 작업을 한다.

모바일 하버
KAIST가 개발하고 있는 모바일 허버는
항구가 배를 향해 움직인다. 소형
원전을 탑재한 배가 육지에 접근하지
않고도 물품을 싣고 내릴 수 있다.

잠수형 해양 원전 'FlexBlue'
프랑스가 구상 중이다. 소형 원전을
캡슐화해 잠수함처럼 1~2km 연안 바닷가에
가라앉힌다. 전력만 육지로 공급한다.

해상 원전
소형 원전은 바다 위 바지선에 실을 수 있다. 해상 발전소 역할을 하며 육지와 해상 자원 채취 시설에 전기를 공급한다. 섬처럼 바닥에 고정시키는 방법도 있다.

원자력 쇄빙선
현재 러시아만이 활용중인 해양 원전 시스템. 쇄빙선에 소형 원자로를 탑재하면 연료 재보급이 필요없어 긴 북극항로도 한 번에 항해할 수 있다.

자원 채취 시설
석유시추선, 해상리튬추출시스템 등 바다 위에서 이뤄지는 자원 채취 시설은 해상 원전을 이용하면 전력 확보가 쉽다.

동력 교체형 선박
육지에 들어오기 전에 공해상에서 배의 동력부만 교체한다. 소형 원전을 빼고 디젤을 장착한다. 모듈형 원전이기에 가능하다.

현재의 원전
규모의 경제를 실현하기 위해 대형으로 짓는다. 한국형 표준형 원전은 1000MWe(메가와트, 전기출력 단위)급이다. 소형 일체형 또는 모듈 원전의 3~10배 수준이다. 주로 물(경수 또는 중수)을 냉각재와 감속재로 쓰기 때문에 바닷가나 강가에 자리잡아야 한다.

오지 발전
자원 채취를 위해 인적이 드문 곳에 시설을 세울 경우 소형 원전을 통해 전력을 공급할 수 있다. 대형 원전이 불필요한 소규모 국가나 도시국가에서도 이용할 수 있다.

산업 이용
원전의 열교환시스템에서는 폐열이 많이 발생한다. 폐열을 공장에서 이용한다.

○ 안전한 미래형 원전은? ✳ 현재와 같은 대규모 원자로를 사용하는 원전이 아닌, 현재 화력 발전소나 지역난방 등에 쓸 수 있는 소규모 원전 개발 움직임이 일고 있다. 대형 원전에 비해 효율성은 떨어지지만, 사고가 나더라도 밀폐된 원자로 압력용기 밖으로 방사성 물질이 나오지 않도록 하면 안전하다. 또 선박용, 이동형 발전소 등으로도 사용할 수 있는 장점이 있다.

한국원자력연구원이 개발해 2012년 7월 4일 원자력안전위원회에서 세계 최초로 표준설계 인가를 받은 중소형 원전 '스마트'가 대표적이다. 전기 출력이 100MW^{메가와트}급인 중소형 원전 스마트는 1000MW 이상 대형 원전과 달리 증기 발생기, 냉각재 펌프, 가압기 등 주요 기기가 원자로 용기에 내장된 일체형이다. 그래서 지진 등으로 사고가 나더라도 방사성 물질이 외부로 유출될 소지는 아주 작다.

또한 안전하고 경제적이며 핵무기로 전용될 우려가 낮은 '제4세대 원전 시스템' 개발이 세계적인 추세다. 우리나라는 제4세대 원전 시스템 중에서도 가장 실현 가능성이 큰 것으로 평가되는 소듐냉각고속로^{SFR}에서 우수한 기술력을 인정받고 있다. SFR는 기존 원전에서 나온 사용 후 핵연료를 재활용하기 때문에 우라늄 자원의 이용률을 현재보다 100배 높여 '꿈의 원자로'로 불린다.

○ 원자력의 명과 암 ✳ 원자력은 제3의 불로 불리며 화려하게 등장했고, 석탄과 석유 등 화석연료를 대체할 친환경 에너지라는 각광을 받았지만, 방사능을 갖고 있고 대규모 재난의 주범이 될 수 있다는 것이 수차례 확인되면서 이제는 기피의 대상으로 몰리고 있다.

원자력은 전력 발전뿐 아니라 산업, 병원 등에서 유용하게 사용된다. 방사성 동위원소 생산, 방사선 조사, 비파괴 검사, 건강 진단 등 많은 분야에서 쓰이고 있다.

문제는 원자력은 효용성과 함께 위험성을 가지고 있다. 그동안 좋은 점만 강조된 나머지 위험한 측면이 상대적으로 가려져왔다. 원자력 전문가와 관련 기관들의 '원자력은 안전해'라는 얘기를 믿어왔지만, 후쿠시마 원전 등의 사고와 원전 관리자들의 부정적인 행태 등이 사회적으로 알려지면서 신뢰를 잃은 상황이다.

원자력은 마음에 안 든다고 바로 철거가 가능한 성질의 것이 아니다. 방사성 폐기물이 나오기 때문에 수백 년 이상 안전하게 관리해야 한다. 또한 원자력발전소도 발전을 멈춘다고 하더라고 폐로를 하는 과정에 많은 비용과 시간이 필요하다. 마치 외발자전거를 타는 듯하다. 결국 원자력발전이라는 외발자전거를 탄 우리들은 앞으로도 상당 기간 원자력과 함께해야 할 상황이다.

원자력계는 시민들로부터 신뢰를 받지 못하고 있고, 원자력은 어쩔 수 없이 당분간 지속돼야 하는 상황이다. 원자력계는 비밀주의라는 비판을 받아왔다. 따라서 앞으로는 정보를 시민들과 나누는 것이 필요하다. 현재 잠재된 '위험'은 무엇인지 공유할 필요가 있다. 또한 효용성도 과장이 아니라 정확하게 알려야 한다. 그래야 신뢰 속에서 원전 시스템을 안전하게 가동할 수 있다.

장기적으로는 안전성이 최우선되는 4세대 원전으로 이전해야 한다. 인터넷 등으로 인해서 사회 전체가 분권화되고 있는 상황에서, 현재와 같은 대형원전이 아닌 스마트 그리드 등에서 효율적으로 접목될 수 있는 중소형 원전으로 변화가 필요한 시점이다.

학

수 사

체 중

성 우 장

뇌 탐 정 주

노 입 사 자

전 윤 리

카 카 학 오 특

필자 **김원섭**

연세대학교에서 생물학을 전공했다. 1996년에 교원의 《과학소년》에 편집기자로 입사해 과학실험, 교과서 학습만화 등을 담당했다. 2003년 동아사이언스에 입사해《과학동아》기자를 거쳐, 현재《어린이과학동아》편집장을 맡고 있다. 실험박사인 '섭섭박사'로 분장해 MIE 교육과 기자아카데미를 운영하고 있다. 지은책으로는『퍼즐탐정 썰렁홈즈』(과학동아북스, 2006), 『다운이가족의 생생탐사』(과학동아북스, 2006),『반고흐 두뇌퍼즐』(과학동아북스, 2012),『세계명작 두뇌퍼즐』(과학동아북스, 2012) 등이 있다.

모든 접촉은 증거를 남긴다

전자발찌를 차고도 이어지는 성범죄자의 끊이지 않는 연결 범죄, 인육 제공을 의심하게 하는 무차별 토막살인, 국가 위기까지 몰고 가는 사이버테러. 정말 범죄의 끝은 있기는 한 것일까. 범죄가 무차별해진 만큼 범죄를 막으려는 기술도 진보하고 있다. 누구도 원하지 않을 과학수사와 범죄의 굴레. 끊을 방법은 없는 것일까?

◉ DNA법 1년, 506개 미제사건 해결

＊ "국민과 유가족들에게 심심한 위로를 표하고, 정부를 대신해 국민들에게 죄송하다는 말씀을 드립니다."

경찰청을 방문한 대통령이 끝내 대국민 사과까지 할 정도로 흉흉한 사건이 이어졌다. 2012년 8월, 성폭행범죄로 이미 전자발찌를 착용하고 살던 전과자 서진환은 서울 광진구의 한 주택에 침입해 30대 이 모

제임스 왓슨과 프랜시스 크릭이 1953년 DNA의 구조를 밝힘으로써 범죄 현장 조사에도 DNA를 이용하는 계기를 마련했다.

씨(37. 여)를 성폭행하려다 살해했다.

이른바 서진환 살인사건으로 부르는 이 사건은 점점 흉포해져가는 우리 현실을 그대로 반영하고 있다. 경찰청이 조사한 '2011년 범죄통계'에 따르면 성폭력과 강제추행은 2011년 1만 9489건이 발생했다. 2010년 1만 8256건이 발생했으니 6.7%가 증가했고, 하루에 성폭력 범죄가 평균 53건이나 발생했다는 뜻이다.

서진환 살인사건이 일어나기 전에 경찰은 이미 다른 성폭행 피해자의 몸에서 체액을 채취해 국립과학수사연구원이하 국과수에 의뢰했다. 하지만 결과는 동일 유전자가 없다는 통보가 왔을 뿐이었다. 그런데 대검찰청에는 서진환의 DNA 정보를 가지고 있었다. 2004년 성폭행 사건으로 수감됐을 때 얻은 정보가 있었기 때문이다.

검찰과 경찰이 유전자 정보를 공유했더라면 사전에 사건을 막을 수 있었을 거라는 질타가 쏟아졌다. '소 잃고 외양간 고치는 격'이라도 남은 소를 더는 잃지 않는 데는 효과가 있는 법. 서진환 살인사건을 계기로 검찰과 경찰이 손을 잡았다. 유전자 정보를 공유하면서 풀지 못했던 사건들이 하나씩 실마리를 찾아가고 있다.

2005년 12월, 경남 창원에 있는 한 주택에서 초등학교 여학생을 성폭행한 이 모 씨를 7년 만에 잡았다. 광주에서도 대검찰청으로부터 범죄자 4명의 DNA 정보를 공유해 2008년에 일어난 사건의 진범을 찾아 구속했다. 진주에서도 지난 사건의 용의자를 DNA 정보 공유로 찾아냈다.

부끄러운 얘기지만 우리나라에서 DNA를 법률로 정해서 과학수사에 적용한 것은 2010년 7월 'DNA 신원확인 정보의 이용 및 보호에 관한 법률'이 국회에서 통과되면서부터다. 소위 DNA법이라고 부르는 법률 제정으로 과학수사에 한 발 더 내디뎠다고 할 수 있다. 'DNA법'이 시행된 후 1년 동안 살인사건 4건, 강도사건 53건을 비롯해서 성폭행사건

150건 등 해결하지 못했던 506개 사건을 해결했다.

제임스 왓슨과 프랜시스 크릭은 60여 년 전인 1953년 DNA 구조를 규명했다. 이는 과학계에 커다란 획을 그은 연구 성과로 인정받아 1962년에 노벨상까지 수상했다. 이제 DNA는 과학수사에 있어서 떼려야 뗄 수 없는 중요한 증거 데이터로 자리를 굳히고 있다. 60년이 지난 지금에는 생리의학상이 아니라 평화상으로 두 번째 수상을 생각해 봐야 하는 것은 아닐까.

● 셜록 홈즈와 에드몽 로카르 ＊ 과학수사의 시작은 언제부터일

까? 과학수사를 생각할 때 가장 먼저 떠오르는 인물이 있다. 동서양을 막론하고 삼척동자도 다 안다는 탐정의 대명사 '셜록 홈즈'다. 영국의 추리소설 작가인 코난 도일이 1887년부터 1905년까지 집필한 추리소설 시리즈로, 과학으로 사건을 해결할 수 있다는 과정을 보여 주었다. 소설이지만 그렇게 과학을 근거로 할 수 있었던 배경은 코난 도일이 단순한 소설가가 아니라 영국 에든버러 대학교에서 의학박사 학위를 받았기 때문에 가능했다. 하지만 코난 도일은 소설 속에서 사건을 해결했지, 직접 사건 해결에 나서지는 않았다. 실제로 시체를 부검했던 의사는 그보다 훨씬 전인 1302년 이탈리아에서였다. 볼로냐의 외과의사인 바르톨로베오 다 바리냐나는 최초로 부검을 한 사람으로 알려져 있다. 당시에는 인간의 몸은 신에게 받았기 때문에, 신에게 다시 돌려보내야 한다는 의식이 강해서 시체에 손을 대는 일을 금하고 있었다.

시체를 부검하는 이유는 외상이 아닌 다른 이유를 찾기 위해서다. 그중 가장 기본적인 것은 독물의 검출 여부다. 1814년 프랑스의 독물학자 마티유 오르필라는 독물을 검출하는 방법과 독물이 동물에 미치는 영향에 대해 연구해서 발표했다. 시체 부검과 독물학의 발달은 억울한 누명을 벗겨내는 도구로 지대한 공을 세웠다.

부검은 목에서 배꼽 아래까지 매스로 그어 갈비뼈가 드러나도록 자

과학수사의 진면목을 보여 준 영화 '셜록 홈즈'. 홈즈의 과학적 사고력과 조수인 왓슨의 의학적 지식으로 사건을 해결한다.

시신을 훼손하면 안 된다는 종교적인 제약에서 벗어나 이탈리아에서 최초로 부검이 실시된 뒤 사인을 밝히는 기법이 발달했다. 그림은 네덜란드 화가 렘브란트의 작품 '니콜라스 튈트 박사의 해부학 강의'.

인체 부검도

턱 아래에서 배꼽까지 1자로 절개한 뒤 특별한 상처가 없는지
곳곳을 관찰한다. 주요 장기를 떼어 내 무게를 재고 조직을 잘라
현미경으로 관찰할 수 있게 샘플로 만든다.

위 내용물이 소화된
정도를 보면 마지막으로
무엇을 먹었는지,
식사한 지 얼마 만에
죽었는지 알 수 있다.

간은 얇게 저며 현미경으로
조직을 자세히 관찰한다.
간 조직을 관찰하면
약물이나 독극물을 먹은
적이 있는지 알 수 있다.

긴 줄자를 세로로 펴
시신의 키를 쟀다.

두피는 한 겹씩 벗겨
밖에서 보이지 않았던
외상이 있는지 살핀다.
두개골은 톱으로 잘라
열고 뇌는 포르말린
용액으로 고정한다.

심장이나 간, 폐 같은 주요
장기들은 바깥으로 꺼내
외상을 살피고 무게를
달거나 내용물을 채취한다.

시신을 절개하기 전,
목 졸린 흔적 등이 있는지
외상을 살핀다.

피부를 벗겨내면
바깥에 드러나지
않았던 외상이 나타난다.

근육을 절개하면
뼈가 드러난다.
골절 여부를 확인한다.

시신 항문에 온도계를 넣어 사망 당시의
체온을 쟀다. 주변 환경에 따라 달라질
수 있기 때문에 가능하면 시신 발견
직후에 측정해야 한다.

손톱 밑에 용의자의 피부세포(각질)나
다른 증거물이 껴 있는지 확인한다.

허벅지 윗부분을 지나는
혈관에서 혈액을 채취한다.
여기가 혈액의 양이
가장 많기 때문이다.

르는 것에서 시작한다. 양쪽 갈비뼈를 세로로 잘라 바깥으로 빼내면 안쪽에는 여러 기관이 드러난다. 장기들이 정상적인 위치에 있는지 기형은 없는지 살핀 뒤, 주요 기관들을 떼어내고 무게를 재고 내용물을 채취한다.

시신의 머리를 살피기 위해서는 먼저 삭발을 해야 한다. 먼저 두피에 외상이 있는지 살핀다. 한쪽 귀에서 다른 쪽 귀까지 칼집을 내고 가장 바깥 피부를 뒤로 젖혀내면 바깥에서 찾아내기 어려웠던 외상을 찾아낼 수 있다.

부검을 하는 데 길게는 3시간이 걸린다. 국과수 김유훈 법의관은 "부검만으로 100% 완벽한 사인을 알아내기 어렵다"며 "현장 상황과 사건의 정황도 함께 고려해야 종합적인 사인을 판단할 수 있다"고 밝혔다.

과학수사에서 빼놓을 수 없는 증거는 바로 지문이다. 도대체 누가 지문을 수사에 사용할 수 있다는 생각을 했을까? 사람을 구별하기 위한 방법으로 지문을 처음으로 사용한 사람은 영국의 윌리엄 제임스 허셜이다. 1860년대에 인도에서 연금을 청구한 사람의 신원을 밝히기 위해서 사용했다.

범인을 잡기 위한 방법으로 생각해 낸 사람은 아르헨티나 부에노스아이레스의 경찰서 직원이었던 후안 부세티크다. 그는 1888년에 지문분류체계에 대해 연구해서 '지문비교검사'라는 책을 출판하기도 했다. 그래도 지문 연구에 가장 큰 공을 세운 사람은 영국의 헨리 폴즈 박사와 프란시스 골턴을 손꼽고 있다. 헨리 폴즈 박사는 지문이 사람마다 각각 다르다는 사실을 밝혀, 지문에서 구별이 가능한 부호를 1024개나 만들었다. 프란시스 골턴은 지문을 이용한 신원 확인 방법을 연구해서 연구논문을 발표하기도 했다.

1900년 6월에 출판한 골턴-헨리 지문분류체계는 1901년에 런던 경찰국이 공식적으로 도입했다. 그리고는 세계로 전파되어 각종 법률 집행기관에서 채택되었으며, 현재까지 가장 광범위하게 사용되는 지문분류법이 됐다. 1996년 미국 연방수사국FBI은 모든 사람의 지문을 입력하고 검색할 수 있는 시스템AFIS을 개발함으로써 지문을 이용한 범죄수사의 틀을 만들었다.

지문 말고도 중요한 사건 해결사로 혈액형이 있다. 지금은 초등학교 방과후 교실에 실험키트로도 등장하는 아주 간단한 분류법이지만, 혈액형을 처음으로 밝혀낸 1901년에는 역시 획기적인 일이 아닐 수 없었다. 오스트리아 병리학자인 카를 란트슈타이너가 ABO식 혈액형을 발견했는데, 지문과 더불어 신원을 확인하는 중요한 증거로 사건 해결사 역할을 했다.

셜록 홈즈처럼 미세한 먼지와 흙, 금속 파편 등을 감정해 사건의 실마리를 찾는 실제 인물은 프랑스 범죄학자 에드몽 로카르였다. 그는 프랑스 리옹 대학교에 세계 최초로 법과학감정소를 설립하고 "모든 접촉은 증거를 남긴다"는 유명한 말을 남겼다. 전 세계는 프랑스의 법과학감정소를 벤치마킹해서 감정소를 세웠다. 우리나라 국립과학수사연구원도 그중의 하나다.

제임스 왓슨과 프랜시스 크릭의 DNA 구조 규명은 생명에 대한 접근 방식을 새롭게 만들었다. 과학수사 역시 DNA가 많은 것을 바꿔놓았다. 수사의 핵심은 범인이 누구인지 가려내는 일이다. DNA가 이 사람과 저 사람을 확실하게 구분하는 증거로 주목받으면서 지금은 기준이 되고 있다. DNA가 수사에 인정받은 것은 DNA가 밝혀진 이후로도 한참 후였다. 1987년 미국에서 최초로 DNA 감정 결과를 증거로 인정했다. 우리나라에서는 1992년 의정부 여중생 성폭행 사건에서 최초로 DNA 감정 결과를 활용했다.

이후 미국 FBI는 DNA에서 사람마다 다르게 나타나는 특정 표지 13개를 분석할 수 있는 시스템CODIS을 개발했다. 우리나라는 2010년 7월. 'DNA 신원확인 정보의 이용 및 보호에 관한 법률DNA법'이 국회에서 통과함으로써 정식으로 인정받게 되었다.

⚪ 500년 전 과학수사 지침서 ✳ 우리나라의 현대 과학수사 역사를 보면 짧다. 하지만 과거에 과학수사와 같은 기관이 전혀 없었던 것은 아니다. 지금부터 거의 100년 전인 1909년에도 법무국 행형과에 지문계

가 있었다. 하지만 더욱 놀랄 일은 500년도 훨씬 전인 조선시대에도 과학수사를 했다는 사실이다. 과학수사를 했다는 증거는 '무원록'이라는 과학수사 지침서다. 무원록은 원래 중국 원나라 때 왕여라는 사람이 쓴 책이다. 살인 사건의 원인을 규명하기 위해서 참고했던 책인데, 1438년인 세종 20년 때 다시 만들었다.

명나라에서 펴낸 중간본을 토대로 해서 최치운을 비롯한 여러 학자들이 '신주무원록'이라는 책으로 다시 만들었다. 내용은 사건이 일어났을 때 그 원인을 밝히기 위한 지침서로, 사람이 어떤 상황에서 사고를 당했을 때 그것이 실수인지 아니면 다른 사람으로 인해 사고를 당한 것인지 자세히 기록돼 있다. 신주무원록은 영조와 정조 시대를 거치면서 증수무원록, 증수무원록언해 등으로 다시 만들어졌다. 이런 내용은 다모, 혈의누, 별순검과 같은 영화와 드라마로 만들어져 알려지기도 했다.

현재 우리나라의 과학수사대는 크게 두 가지로 구분할 수 있다. '국과수'라고 부르는 국립과학수사연구원과 경찰청 소속 과학수사센터다. 국립과학수사연구원은 1955년에 설립한 사건, 사고 분석 연구소다. 사건이나 사고가 일어나 생기는 문제를 실험과 관찰을 통해서 진실을 밝히고, 범죄 사실을 증명하는 역할을 한다. 하지만 국립과학수사연구원에서는 수사를 하고 범인을 직접 잡는 역할을 하지는 않는다.

경찰청에는 과학수사센터가 있다. 현장에서 증거를 수집해서 지문이나 발자국을 조사하고 CCTV 판독을 하는 등 증거를 수집해서 몽타주를 만들거나 용의자에게 거짓말 탐지기를 사용해 직접 범인을 잡는 역할을 한다. 과학수사센터에는 과학수사계, 자료운영계, 범죄정보지원계, 증거분석계와 같은 부서가 있다. 그중에서 현장에 직접 찾아가 지문이나 혈흔을 조사하고 사진을 촬영하고 CCTV자료를 분석하는 등 주로 드라마에서 등장하는 역할은 증거분석계에서 한다.

◉ 과학수사가 주목하는 미세 증거물 ✳ "범인의 DNA 증거물을 채취할 수 있는 사건은 전체 사건의 10%도 안 됩니다."

국립과학수사연구원 화학분석과 홍성욱 박사는 계획적이고 교묘해져가는 범죄 행위를 한마디로 일축했다. 살인을 하고 난 이후 지문이나 혈흔을 없애는 일은 물론 아무런 죄책감 없이 사체를 토막 내는 일까지 서슴없이 벌어지고 있다. 하지만 범인이 아무리 증거를 없애려고 해도 모든 접촉은 증거를 남기기 마련이다. 경찰청이 발표한 자료에 따르면 CCTV 분석, 족윤적 검색, 현장지문 감정이 매년 증가하고 있는 것으로 나타났다. 범죄현장 주변에 설치한 CCTV 분석은 2007년부터 5년 동안 200%가 넘게 증가했다. 족윤적 검색은 2011년 2만 4065건으로 2007년과 비교해 180%가 넘어섰다. 현장지문 감정 역시 최근 5년 평균 2만 1974건으로 집계됐다.

과학수사를 할 때 범죄현장에서 주목하는 것은 '미세 증거물'이다. 신발 밑창에 묻은 먼지, 벽에 기댔을 때 옮겨진 옷 섬유, 자동차와 부딪혔을 때 긁힌 페인트 자국 등 사건 현장에 있던 모든 사람과 장소, 물품에서 얻을 수 있는 정보다.

뺑소니 사건을 예를 들어 보자. 한적한 시골길. 아무도 없는 새벽에 술 취한 운전자가 사람을 치어 사망한 사건이 일어났다. 사고를 낸 운전자는 시신을 찻길 옆 도랑으로 밀어 버리고 시신에 묻은 자신의 지문을 지워버렸다. 사고 차량은 정비센터에 필요한 부품들을 모두 교체하고 깔끔하게 세차했다.

과연 이런 상황에서 증거를 찾아낼 수 있을까. 우선 범인이 남기고 간 사체를 확인해 보자. 지문을 없애고 사체를 옮기는 동안 범인과 피해자 사이에 옷 섬유가 교환되지는 않았을까. 깨진 유리창 파편이 범인의 신발 밑창에 박혀 있을 수도 있다. 자동차를 세차했더라도 피해자의 머리카락이 자동차의 어느 틈에 끼어 있을 수도 있다. 달리던 차에 사람이 세게 부딪히면 순간적으로 열이 발생하면서 페인트가 녹아서 피해자의 옷이나 살에 묻기도 한다.

피해자에게 남은 페인트 증거물을 찾으면 그 페인트와 의심 차량의 페인트가 같은지 구별해야 한다. 비교 현미경으로 페인트 층을 관찰할 수 있다. 눈에는 은색으로 보이는 페인트 일지라도 현미경으로 보면 녹색-적색-은색 순으로 전혀 다른 색깔 층으로 돼 있는 경우가 많다. 페

범인 잡아내는 미세 증거물

자기 차에 증거가 남지 않았다고 생각한 범인이 몰래 사체를 유기하고 있다.
하지만 눈에 보이지 않는 증거물이 피해자와 범인, 차량에 잔뜩 남아 있다.

1. 자동차 범퍼에도 옷 섬유처럼 맨눈에 보이지 않는 미세 증거물이 남는다.

2. 깨진 유리창 조각에 피해자의 머리카락이 남아 있다.

3. 범인의 차량에 피해자의 옷 섬유가 남아 있다.

4. 급속하게 브레이크를 밟아 생기는 타이어 흔적(스키드마크). 용의자 차량의 타이어 패턴과 비교할 수 있다.

5. 타이어에도 피해자의 옷 섬유, 오리털 같은 증거가 남는다.

6. 범인에게 피해자의 모발이나 섬유가 묻는다. 눈에 보이지 않을 정도로 미세한 증거물이기 때문에 알게 모르게 증거물이 교환된다.

7. 피해자의 옷에 범인의 섬유가 묻는다.

8. 범퍼에 세게 부딪힐 때 페인트가 녹아 피해자의 옷에 붙는다.

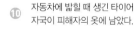

9. 피해자 몸 곳곳에 범인의 지문이 묻는다.

10. 자동차에 밟힐 때 생긴 타이어 자국이 피해자의 옷에 남았다.

11. 범인의 신발 밑바닥에 작은 유리 파편이 박혀 있다. 사건현장의 토양이 남아 있기도 하다.

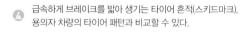

인트 층을 이루고 있는 순서가 서로 같다면 증거물로 봐도 무관하다.

때로는 글씨체도 증거가 되기도 한다. 2009년 세상을 떠들썩하게 했던 탤런트 장자연 사건이 대표적이다. 자살한 탤런트 장자연이 남긴 성상납 리스트에 관한 편지가 도마 위에 올랐다. 결국 필적 감정 결과 편지는 고인의 것이 아니라 조작됐음이 밝혀졌다. 그런데 글씨체는 어떻게 찾을 수 있을까? 허무하지만 '일단 보면 알 수 있다'가 정답이다.

사람의 글씨는 오랫동안 써온 습관에서 우러나오기 때문에 쉽게 고쳐지지 않는다. 그래서 일부러 신중하게 고쳐서 쓰지 않으면 자신만의 글씨체가 그대로 나타나기 마련이다. 글씨체는 글씨의 선, 형태, 배치, 내용의 네 가지 요소에 따라 구별할 수 있다. 사건 증거로 확보한 글씨는 네 가지 확인 요소를 꼼꼼하게 분석해서 글씨의 주인공을 찾아낸다. 내용을 분석하는 것도 증거가 될 수 있다. 평소에 글 쓰는 습관 역시 일정한 패턴이 있기 때문이다. 유난히 '…같아요.' 또는 누가 물으면 '저요?'라고 말하는 습관처럼 글 쓰는 내용에서도 독특한 자신의 버릇이 담겨 있다.

글자의 흔적은 연필이나 볼펜으로 쓴 뒷장에 나타나기도 한다. 필기구를 사용할 때 손가락으로 눌러 쓰기 때문에 나타나는 자국이다. 비록 잉크나 연필심이 묻어 있지는 않지만 압력에 의해 눌린 자국을 잘 찾아내면 앞장에 썼던 내용을 그대로 읽을 수 있다. 글자 흔적을 찾는 방법은 여러 가지가 있다. 종이의 재질이 두꺼우면서 부드럽다면 직접 눈으로 확인할 수도 있다. 아니면 비스듬히 빛을 비춰 찾아내기도 한다. 눈으로 확인하기 어려운 경우에는 사진기로 촬영해서 판독한다. 화학약품을 사용해서 처리하는 방법도 있다. 하지만 잘못 다루면 증거를 훼손시킬 수 있는 단점이 있다.

가장 쉬운 방법은 판독기를 이용하는 방법이다. 이미 글자의 흔적을 찾아내는 기계가 개발돼 있다. 글자재생기기인 ESDA^Electrostatic Detection Apparatus는 정전기를 이용한다. 자국이 남은 종이를 필름에 밀착시키고 정전기를 대전시키면서 글자 자국 속으로 잉크가 흡수되도록 한다. 나타난 글자는 다시 번지지 않도록 고정 필름을 붙여서 증거를 보존한다.

◉ 사체에 모여 든 곤충, 32개 치아는 비밀번호 ✳ 혈액은 과학수사에 있어서 가장 중요한 증거다. 피 한 방울로 여러 가지 사실을 알 수 있기 때문이다. 병원에서도 건강검진을 받을 때는 먼저 혈액 검사를 한다. 그만큼 피가 중요하기 때문이다. 혈액은 보통 몸무게의 13분의 1 정도 들어 있다. 만약 몸무게가 30kg이라면 1.5L 페트병 음료수 1개 반 정도가 혈액으로 차 있다는 뜻이다. 혈액은 온몸을 돌아다니면서 세포에 산소와 영양분을 운반하는 역할을 한다. 그 때문에 장기의 이상 유무에 대한 정보를 가지고 있다. 그런 정보는 혈구의 모양과 수량, 헤모글로빈의 양, 적혈구의 침강속도 등으로 확인할 수 있다.

지문은 사람이 가지고 있는 독특한 이름표라고 할 수 있다. 하지만 단순히 모양을 가지고 범인을 찾아내는 데만 쓰이는 게 아니다. 지문에는 손가락에 있는 땀구멍에서 나온 지방이나 단백질 같은 체내 물질이 묻어 있다. 이런 체내 물질로 여러 가지 사실을 밝힐 수 있다.

영국의 이스트앵글리아 대학교와 킹스칼리지 런던 연구팀은 담배의 니코틴 대사물질에 반응하는 항체를 이용해 흡연자의 지문을 쉽게 가려낼 수 있는 방법을 개발했다. 담배를 피우면 담배에 들어 있던 니코틴이 사람 몸으로 들어온다. 몸에 들어온 니코틴은 몸속에서 분해되면서 코티닌이라는 물질이 나온다. 연구팀은 코티닌에 반응하는 항체를 금나노입자에 붙인 다음, 이 입자를 지문에 묻히는 방법으로 실험을 했다. 담배를 피운 사람의 지문은 금나노입자에 붙은 항체의 반응 때문에 자외선을 비췄을 때 독특한 형광을 낸다.

이스트앵글리아 대학교의 데이비드 러셀 박사는 "다른 항체를 쓰면 술을 마셨거나 마약을 복용한 사람의 지문도 판별해낼 수 있다"며 "이 방법은 스포츠 선수들의 도핑 테스트에도 유용할 것"이라고 밝혔다.

지구에서 사는 모든 생물 중에서 5분의 1이 곤충이다. 우리는 알게 모르게 곤충과 함께 살고 있다. 그러니 사건이나 사고가 일어나서 사람이 죽으면 곤충이 모여드는 것은 당연한 현상이다. 이런 사실은 이미 오래 전부터 알고 있어서 사건사고를 해결하는 데 이용했다. 중국의 성추라는 현장 감식전문가가 1235년에 쓴 책에 따르면 동네에서 살인 사건이 있어났는데 한 사람이 가지고 있는 낫에 파리 떼가 몰려들어 범인을 잡았다는 내용이 나온다. 또 유럽에서는 1855년에 처음으로 곤충을 조사과정에 사용했다는 기록이 있다. 건물 공사를 하던 중에 시신을 발견했는데, 쉬파리가 몰려들고 알을 낳는 생활 주기를 연구해서 사망 시간을 추정했다.

실제로 사람의 이는 증거로 많이 사용한다. 화재가 일어나면 건물은 물론 사람도 크게 다치거나 죽을 수도 있다. 불은 많은 증거를 사라지게 한다. 특히 화상을 심하게 입으면 지문이나 혈흔을 찾아보기 어렵다. 그럴 때는 이가 좋은 증거가 된다.

이는 심하게 화상을 입어도 쉽게 불에 타 사라지지 않는다. 모양도 쉽게 변하지 않는다. 만약 범인이 치과를 다녀온 기록이 있다면 입속에 있는 이들은 고스라니 치과 병원에 기록이 남게 된다. 성인 어른의 경우 32개의 이가 위아래에 배열된다. 이는 각각 크기와 놓인 위치, 모양이 다르기 때문에 32개의 비밀번호와 같다.

사건이나 사고에서 발견된 피해자의 이나 이에 물린 자국은 범인을 밝히는 데 중요한 단서가 된다. 실제로 영국에서는 과일에 남은 이 자국을 증거로 용의자를 추측해 내고 이를 통해 범인을 검거한 사례가 있다.

◉ 엽기토막 살인사건, 인육 거래 논란 ∗ "강간하기 위한 목적 외에 사체 인육을 제공하려는 의사 내지 목적을 경합적으로 가지고 있음이 상당하다. (중략) 사회 근간을 흔드는 반인륜적 의도적 범죄로 사형에 선고한다."

수원지법 형사합의11부는 20대 여성을 토막 살해한 중국 네이멍구 출신 오원춘에게 사형을 선고했다. 사실 공포 영화에서도 다루기 쉽지 않을 사건이 실제로 일어났다. 사체를 350개 이상으로 조각낸 희대의 살인마는 '중국 식인종'이라는 키워드를 누리꾼들로부터 자아내도록 만들었다.

살인사건의 범인을 밝혀 사형 선고에 이르렀지만 수사가 모두 끝난 것은 아니다. 인육 유통이라는 거시적인 범죄 범위 안에서 오원춘 사건은 지방 방송뿐 일 수 있기 때문이다. 수원지검은 수사를 확대하기 위해서 증거를 확보하고 분석할 전담 디지털 범죄과학 수사팀을 꾸렸다. 대검에서 디지털 포렌식 교육을 이수한 전문가 4명이 팀에 합류했다. 디지털 수사팀은 범인이 사용한 휴대전화 4대와 컴퓨터를 집중 분석한다. 중국과 오고 가면서 통화한 기록 등을 추적해 범행의 정확한 상황과 연계된 범죄 등을 밝혀낸다.

법적인 증거로 사용한다는 관점에서 디지털 데이터의 수집과 분석에 관한 모든 절차와 기술을 통칭하여 '디지털 포렌식'이라고 한다. 디지털 증거의 원본으로부터 디지털 증거를 수집, 보존, 분석, 제출하기까지의 모든 과정을 과학적으로 이끌어 내고 증명하는 방법이라고 할 수 있다.

⬤ 효력 발휘를 위한 디지털 포렌식 3요소 ✱ 기기와 기술이 발달

하면서 범행 방법도 점점 고지능화 되고 있다. 과학수사 방법도 진화할 수밖에 없는 이유다. 디지털 포렌식은 가장 대표적인 진화의 증거다. 단독 범행의 경우 피의자와 피해자간의 관계를 밝히는 증거로는 휴대전화 분석이 필수다. 공범이나 배후 세력이 있는 경우라면 컴퓨터와 네트워크를 주목해야 한다.

특히 인터넷을 중심으로 일어나는 사이버 범죄의 경우는 디지털 증거가 절대적일 수밖에 없다. 하지만 디지털 포렌식의 가장 큰 맹점은 증거에 대한 신뢰성이다. 디지털 데이터는 복제와 훼손이 간단하게 이루어지기 때문에 증거에 대한 무결성 확보가 중요하다. 디지털 증거가 효력을 가지기 위해서는 법정에 제출하기까지 디지털 증거 수집 과정에서 봉인과 개봉 과정을 서명하고, 기재하고, 입회하는 등 절차를 거쳐야 하고 도식화해야 한다.

2008년에 시행된 형사소송법 제308조 2항에 따르면 '적법한 절차에 따르지 아니하고 수집한 증거는 증거로 할 수 없다'는 '위법수집증거배제원칙'이 있다. 실제로 사건에서 증거로 분석한 컴퓨터 하드디스크가 인증된 전문가가 분석하지 않고, 정식 프로그램으로 인정받지 못한 방법으로 분석해 증거로 인정받지 못하는 사례가 있다.

디지털 포렌식 수사에서는 수사과정에서 원본을 훼손하지 않고, 증거 능력을 유지하기 위해 휴대전화와 하드디스크 등을 복사하고, 원본의 해시값을 매긴다. 해시값은 어떤 데이터에 있는 일종의 '전자지문' 같은 것이라고 할 수 있는데, 해시값이 같다면 데이터가 변조됐을 가능성은 거의 없다고 볼 수 있다.

그래서 디지털 포렌식에는 세 가지 요소를 강조한다. 첫째는 전문가, 둘째는 전문도구 및 소프트웨어, 셋째는 규정 및 절차다. 아무리 컴퓨터에 능통한 사람이 분석했다고 하더라도 인증된 전문가가 분석하지 않으면 재판에 증거 자료로 올릴 수 없다. 현재 대검찰청에서는 전문 교육과정을 통해 전문가 양성 프로그램을 진행하고 있다.

전문도구의 사용과 프로그램의 사용 역시 중요하다. 사건 현장에서 DNA 증거 자료를 확보했거나 혈흔을 채취했다면 약품이나 장비를 사용해서 분석해야 한다. 디지털 자료도 마찬가지다. 증거를 확보했으면 분석해야 한다. 하지만 디지털 자료를 섣불리 분석했다가 원본을 훼손할 가능성이 있다. 그런 이유로 디지털 증거의 분석은 사본으로 한다. 삭제한 파일이나 복제되지 않는 파일슬랙, 미할당 공간 같이 증거를 인멸시킨 모든 데이터를 복사하려면 전문 장비가 필요하다. 현재 디스크를 복제하거나 이미징하는 도구는 Magic jumbo DD-121나 Image MASSter4004i를 사용한다. 미국에서는 상무부 산하에 있는 국가표준기술연구소[NIST]에서 컴퓨터 포렌식 툴테스팅[CFTT]을 통해 포렌식 도구의 신뢰성을 평가하고 테스트 한 결과를 공개하고 있다.

세 번째 디지털 포렌식 요소는 규정 및 절차다. 전문가와 소프트웨어를 갖추었다고 해도 디지털 증거는 복제와 변형을 쉽게 할 수 있게 때문에 규정과 절차를 정확히 지켜야 증거로 인정받을 수 있다. 규정의 시작은 수색에서부터 시작된다. 압수 수색을 할 때 단순히 범행에 사용했을 만한 컴퓨터만 싸들고 나오는 게 능사가 아니다. 전산출력물에서 컴퓨터 관리대장까지 데이터와 관련된 모든 내용도 함께 확보해야 하며, 모든 절차에 대해서 사진으로 촬영하고 문서로 작성해서 보관의 연속성을 부여해야 한다. 데이터 수집을 할 때도 문제가 생기지 않도록 전자기파 차단 봉투를 사용하거나 충격방지 장치를 사용하기도 한다.

🔵 **깨알 분석, 정보망 공유로 숨을 곳은 없다** ＊ 범죄수사 드라마 CSI가 꾸준한 인기를 얻는 이유 중 하나는 과학적 분석이 가져다주는 지식의 카타르시스 제공이다. 코난 도일의 셜록 홈즈에서도 그랬듯이 증거를 분석하고 추리해서 범인을 압박해가는 스릴은 인간의 본성을 자극한다.

디지털 포렌식에서 수사 단서를 추출하기 위해서는 복구 기술이 가장 필요하다. 범인이 증거 인멸을 하기 위해 가장 먼저 하는 일은 숨기거나 없애는 행동이다. 디지털의 경우는 증거 확보가 바로 데이터 복구, 암호 해독, 정보 추출 기술과 직결돼 있다. 디지털 수사팀은 다양한 디지털 포렌식 분석 기법과 도구들을 사용하여 디지털 증거물을 과학적이고 기술적으로 찾아낸다.

물리적인 복구와 정보 추출을 하드웨어적이라고 본다면 네트워크 수사를 빼놓을 수 없다. 인터넷을 이용했다면 ID 추적과 접속기록Log file추적, 이메일 추적 등을 한다. 아이디는 인터넷 정보통신망을 이용하기 위한 가입자 명의라고 할 수 있다. 인터넷 접속 서비스를 제공하는 업체로부터 부여 받는데, 아이디를 얻으려면 가입자가 이름, 주민등록번호, 주소, 연락처 같은 인적사항을 제공해야 한다. 디지털 증거를 확보하기 위해서 디지털 수사팀은 인터넷 제공 업체에 의뢰하여 사용자 정보를 확보한다. 알아낸 사용자 정보로는 전화 사용, 계좌 이용, 신용카드 사용 내역 등을 확인할 수 있기 때문에 이용자의 행적을 찾아낼 수 있다.

아이디 이외에 인터넷 프로토콜IP도 중요하다. IP는 컴퓨터를 구별하기 위해서 사용하는 주소라고 할 수 있다. 현재 전 세계 IP주소는 미국 IANA에서 관리하며, 우리나라는 한국인터넷정보센터KRNIC에서 관리하고 있다. IP는 지문처럼 각 컴퓨터에게 부여되는 흔적이기 때문에 사건과 연관된 위치나 지역, 사용 현황 등을 유추하는 데 중요하다.

인터넷으로 다른 사람의 홈페이지에 방문하면 상대방 서버에 접속기록이 남는다. 이를 '로그'Log라고 한다. 로그들은 텍스트로 모여 공간을 이루게 되는데 이를 로그 파일이라고 한다. 로그 파일은 네트워크가 어떤 경로로 유입이 되고 어떻게 진행되어 가는지 추정할 수 있는 블랙박스이기 때문에 로그 파일 분석 역시 중요한 증거 확보 기술이 된다.

이메일 역시 피해자와 피의자 전화 정보 분석을 하는 것만큼 중요하다. 내용 분석도 가능하지만 사용자 상황을 추리할 수 있다. 이메일 수사하는 방법은 '메일헤더 분석'을 기본으로 한다. 헤더 분석을 하면 보낸 사람과 받는 사람의 아이디에서부터 전송 일시와 시간, 상대방의 발신지 IP등을 알 수 있다.

최근 들어 디지털 포렌식이 법정에서 많은 증거로 등장하면서 그 중요성은 점점 수위가 높아져 가고 있다. 뿐만 아니라 기관의 협력도 이끌어 내고 있다. 대표적인 사례가 검찰과 경찰의 정보 교류다. 검찰은 2012년 4월부터 디지털 수사망D-NET을 구축해 가동하고 있다. 이를 바탕으로 검찰과 경찰은 국가디지털증거송치체계KD-NET를 구축하고, '디지털수사 콘트롤 타워'를 운용할 예정이다.

인구가 많아지고 사회가 복잡해지면서 인간은 점점 인간으로서 가져야 할 기본 조건을 잃어가고 있다. 반사회적 인격장애증이라고 하는 사이코패스가 일으키는 묻지마 범죄가 판을 치는 이유다. 맹목적인 범죄와 고지능적 범죄가 쏟아지면서 범죄자를 찾아내고, 범죄를 막는 과학수사는 계속 진화를 거듭해간다.

체

중화

성우수장

필자 이정아

프랑스 파리6대학교(Université Pierre et Marie Curie)에서 생명과학을 전공했다. 2008년 동아사이언스 《과학동아》 기자로 입사해 지금까지 과학기자로 일하고 있다. 과학의 'ㄱ'자만 봐도 어려워하는 독자들에게 세상에서 가장 맛있는 과학, 즐거운 과학, 행복한 과학을 전하기 위해 펜을 들었다. '나만의 부드럽고 감미로운 글발로 과학문화 마니아층을 만들겠다!'는 포부가 있다. 현재 《어린이과학동아》에서 과학 학습만화 스토리도 쓰고 있다.

뇌탐쟁사주

뵤읽사자

쳐윤리

카카하오특

성조숙증,
키 걱정 이젠 굿바이

"떡볶이는 신당동, 족발은 장충동, 내 키는 아동!"

매주 한 프로그램에서는 개그맨 허경환이 한국 남성 평균보다 작은 자신의 키167cm를 내세워 관객을 웃기고 있다. 대개 자기가 겪었던 사례를 고백하는데, 상황이 웃기기도 하지만 알 수 없는 동정심과 더불어 키작은 사람에게는 은근한 공감을 불러일으킨다. 몇 년 전에는 TV에서 한 여성이 180cm가 안 되는 남성들을 루저looser라고 말했다가 뭇매를 맞기도 했다.

방송에서만 큰 키를 선호하는 것은 아니다. 소개팅을 주선하거나 이상형을 말할 때 꼭 빠지지 않는 특징이 키다. 시중에는 키 크는 영양제부터 키 크는 운동화, 키 크는 운동기구까지 불티나게 팔리고 있다.

대한민국 사회에서는 이렇게 '키가 몇이냐'는 문제가 굉장히 중요하고 예민하다. 부모들은 어릴 때부터 자녀들을 크게 키우기 위해 책과 인터넷, 잡지, TV 등에 나오는 온갖 과학적, 비과학적 비법에 관심을 갖는다.

⬤ **한국인은 키작남, 키작녀가 아니다!** ✳ 키가 작은 남자와 여자를 줄여서 우스갯소리로 '키작남' 또는 '키작녀'라고 말한다. 이런 웃지 못할 은어가 탄생할 만큼 키가 고민인 나라이지만, 놀랍게도 한국인의 키는 작은 편이 아니다. 통계청에 따르면 2011년 기준 대한민국 성인 남녀의 평균 키는 남성19~24세이 175cm, 여성19~24세이 162cm다. 170cm대 초반인 남성과 160cm대 초반인 여성이 결코 작은 키가 아니라는 것이다. 게다가 이 수치는 전 세계에서 18위, 아시아에서 1위다. 바로 이웃 나라 중국만 해도 남성이 169.4cm, 여성이 158.6cm, 일본은 남성이 171.2cm, 여성이 158.8cm로 우리보다 훨씬 작다.

사실 우리가 고민해야 할 것은 성인의 평균 키가 아니다. 깜짝 놀랄만한 사실은 예전에 비해 우리들의 키가 거의 자라지 않았다는 점이다. 요즘 어린이들을 보면 마치 다 자란 어른처럼 다리가 길고 덩치가 크다. 하지만 그 아이들이 자라면서 키가 몇 cm까지 자랄 수

있을까? 커다란 어린이들은 많지만 어른이 되었을 때의 키, 즉 최종 키는 과거에 비해 지금 그다지 크지 않다는 것이 충격적이다.

보건복지부 질병관리본부에서 1998년과 2007년 청소년의 평균 키를 비교한 자료를 보면 과거와 현재 남녀의 키는 출생 당시 약 50cm로 비슷하지만 만 13세 남자어린이의 평균 키가 1998년 155.3cm에서 2007년 159.0cm로, 만 11세 여자어린이의 평균 키가 1998년 142.2cm에서 2007년 146.7cm로 훌쩍 늘어났음을 볼 수 있다. 대략 4~5cm가 커졌다는 이야기다.

하지만 최종 키에 다다른 만 18세를 보면 남자가 1998년 172.5cm에서 2007년 173.4cm로, 여자가 1998년 160.5cm에서 2007년 160.7cm로 거의 변화가 없음을 볼 수 있다. 초등학생 때는 과거보다 덩치가 훨씬 크지만 중고등학생 때는 키가 많이 자라지 않아 결국 비슷한 수치에서 멈춘다는 얘기다.

무엇이 우리나라 청소년의 키를 방해하고 있는 것일까. 전문가들은 '과도한 학업 스트레스'를 꼽고 있다. 키가 크려면 성장호르몬을 원활하게 분비해 작용해야 하는데, 스트레스가 이 생체리듬을 깨뜨린다.

◉ 키 크는 비법 1 꾸준한 운동으로 스트레스는 없애라 ＊ 성장호르몬은 대뇌 아래에 있는 콩알만 한 크기의 뇌하수체 전엽에서 분비되는 단백질 호르몬이다. 뼈, 연골을 자라게 해 청소년기에 키가 크도록 돕는다. 또 척추의 골밀도를 높여 골절의 위험을 줄이고 골다공증을 예방한다. 지방을 분해하고 단백질 합성을 촉진시키는 작용도 하며 탄수화물 대사에 관여해 혈당을 높여 근육에 힘을 공급한다.

TV나 인터넷에서는 성장호르몬 분비를 촉진시켜 키가 크는 비법으로 온갖 것을 소개하고 있다. 하지만 전문가들은 그 중에는 잘못된 것도 많다고 전한다. 키가 크는 올바른 비법으로 전문가에게 몇 가지 조언을 들어봤다.

전문가들은 먼저 규칙적인 운동과 즐겁고 긍정적인 생각으로 학업 스트레스를 해소하는 일이 중요하다고 입을 모은다. 운동을 하면 기분

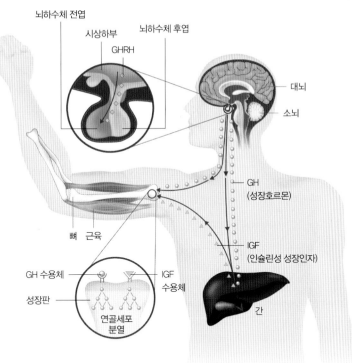

성장호르몬 작용 메커니즘

뇌 시상하부에서는 '성장호르몬 방출호르몬'(GHRH)이 분비돼 뇌하수체 전엽에서 성장호르몬(GH)이 분비되도록 촉진한다. 뇌하수체 전엽에서 분비된 GH는 두 가지 경로로 이동해 성장을 촉진한다. 뼈 말단에 있는 연골조직인 성장판에 도달해 성장을 직접 촉진하거나, 간에 도달해 '인슐린성 성장인자'(IGF)를 만든다. IGF는 성장판에서 세포분열을 촉진해 뼈를 자라게 한다. 분비되는 GH의 대부분이 간을 거쳐 IGF를 만드는 경로로 성장을 촉진한다.

전환이 되어 스트레스를 해소할 뿐 아니라 근육량을 늘려 키가 크는 데 직접적인 영향을 미치기도 한다.

유산소운동만 고집하며 '하루에 줄넘기 1000번은 기본'이라고 조언하는 전문가도 있다. 그러나 단순 동작만 반복하는 지루한 운동을 억지로 하면 오히려 스트레스가 쌓여 성장에 방해가 되는 역효과를 줄 수 있다. 또 농구처럼 즐겁게 하는 운동이더라도 단기간에 훌쩍 크겠다는 욕심을 부려 무리하면 오히려 성장판뼈가 자라는 부분이 망가질 수도 있다.

상계백병원 성장클리닉 박미정 교수는 손쉽게 어디에서나 할 수 있는 '스트레칭'을 추천했다. 그는 "스트레칭은 근육과 관절을 충분히 움직여 혈액순환을 원활하게 하며 되풀이 동작이 많아 근육 탄력성을 길러준다"고 말했다.

스트레칭은 서서 허리를 구부렸을 때 손이 바닥에 닿지 않거나 다리를 크게 벌리기 어려운, 유연하지 않은 사람은 3개월 동안 매일 하는 것이 좋다. 근육을 평소에 사용하지 않는 방향으로 구부리거나 펴 당기는 느낌이 사라질 때까지[30초~1분] 유지하는 것이다. 격렬한 운동을 하기 전이나 후에 스트레칭을 하면 관절 주변의 피로해진 근육과 인대 같은 조직이 부드러워지고 피로를 푸는 데에도 도움이 된다.

맑은코 키자람 한의원 윤광섭 원장은 "자기가 좋아하는 운동을 하루에 30분~1시간씩 하라"고 조언했다. 중요한 요소는 운동 종류가 아니라 '근육을 쓰는 정도'기 때문이다. 온몸에 있는 근육을 골고루 쓰는 운동이 좋고, 하나만 계속하기보다는 시간을 나눠 여러 가지를 하는 편이 좋다. 예를 들면 30분 동안 유산소운동을 하고, 남은 30분 동안 근력운동을 할 수 있다.

체육과학연구원 서상훈 원장은 "평생 꾸준히 할 수 있는 즐거운 운동 찾으라"고 조언했다. 또 "운동을 생활 속에 녹이는 것도 좋다"고 말했다. 짧은 거리는 자동차를 타는 대신 걷거나 뛰고, 3~4층 정도는 엘리베이터를 타기보다 계단을 이용하는 것이다. 텔레비전을 볼 때 훌라후프를 돌리거나 '하늘자전거(누워서 허리를 두 손으로 받쳐 엉덩이를 들고 페달을 밟듯이 하늘을 향해 발 구르기)'를 하는 것도 좋은 운동이 된다.

서 원장은 "혼자 운동하는 것이 재미없다면 축구나 야구, 농구처럼 여러 명이 함께하는 단체 운동을 하라"고 말했다. 운동에 대한 동기를 부여하기 때문이다. 또 단체 운동은 정당한 승부욕을 기를 수 있고, 자기 역할에 최선을 다하고 다른 사람의 입장을 고려하면서 사회관계를 개선하는 방법을 배울 수 있다. 신체적인 건강에서 더 나아가 정신적인 건강과 사회적인 건강을 두루 키울 수 있다는 얘기다

⬤ **키 크는 비법 2 단백질이 풍부한 '골고루 식습관'이 중요**
＊ 뼈에는 근육이 붙어 있고 근육을 구성하는 성분은 바로 단

기름기가 적고 단백질이 대부분인 고기는 성장을 돕는다.

백질이다. 근육량이 적으면 성장호르몬이 정상적으로 분비돼도 제 기능을 못한다.

윤광섭 원장은 "근육이 적고 몸이 마른 사람은 키가 원활하게 자라지 못 한다"며 "어느 정도 살집이 있어야 키가 쑥쑥 자란다"고 말했다. 청소년기에는 일반적으로 키가 10cm 크는 동안 체중은 평균 5kg 증가한다. 그래서 청소년기 때 무리한 다이어트를 하면 근육량이 부족하고 당연히 성장에 방해가 된다.

최근에는 덩치는 커도 허약한 청소년은 많은데, 이것은 근육량이 부족하기 때문이다. 식사로 단백질을 섭취해 근육량을 늘리는 데에는 한계가 있다. 근육의 힘을 기르고 성장호르몬 분비를 촉진해 뼈가 자라나는 성장판을 자극하려면 운동을 꾸준히 해야 한다.

근육량을 늘리려면 단백질도 많이 섭취해야 한다. 그래서 키가 크려고 우유나 멸치처럼 칼슘이 풍부한 음식을 습관적으로 먹는 어린이들이 많지만, 전문가들은 단백질도 중요하다고 강조한다. 전문가들은 청소년기에 꼭 섭취해야 할 단백질 음식으로 우유와 등 푸른 생선, 된장이나 두부 같은 콩 식품 그리고 고기를 꼽았다. 특히 고기는 삼겹살이나 갈비처럼 기름진 부위보다는 닭 가슴살처럼 지방은 거의 없고 단백질로 이뤄진 부위가 좋다.

오히려 우유를 지나치게 많이 먹으면 키가 자라는 것을 방해할 수도 있다. 박미정 교수는 "칼슘은 하루에 700mg만 섭취해도 뼈를 만드는데 충분하다"며 "칼슘 섭취량과 성장 속도가 비례하는 것은 아니다"라고 말했다. 우유를 많이 마시면 동시에 칼슘을 과잉 섭취하게 되는데, 사람의 몸은 필요 없는 칼슘은 소변을 통해 바깥으로 내보낸다. 만약 지속적으로 칼슘을 과잉 섭취하면 칼슘 흡수 능력이 떨어지기도 한다. 전문가들은 우유를 하루에 400~500cc를 마셔야 가장 효과적이라고 설명한다.

물론 음식을 다양하게 골고루 먹는 것이 가장 중요하다. 우리나라 식탁은 밥과 밑반찬이 기본이고 날마다 주요리가 바뀌는데, 밑반찬에는 시금치나 콩나물 같은 채소가 많아 상대적으로 고기 섭취량이 적다. 하루에 한 끼 정도는 고기 요리를 먹는 습관이 좋으며 간식으로 달걀을 먹어도 좋다.

⬤ 키 크는 비법 3 밤마다 9시간씩 푹 자야 해 ☀ 과도한 학업 스트레스에 이어 청소년들이 키가 잘 자라지 않는 이유로 꼽히는 것이 수면 부족이다. '하루에 4시간 자면 (시험에서) 붙고 5시간 자면 떨어진다'는 무시무시한 말이 있을 정도로 우리나라 사람들은 수면 시간과 학업 성취와 관계가 있다고 믿고 있다.

전문가들은 청소년기에는 적어도 9시간 이상 자는 편이 좋다고 입을 모았다. 청소년기 성장에 직접적으로 관여하는 성장호르몬은 대부분 자는 동안 분비되기 때문이다. 하지만 9시간 이상 잠을 자도 피곤한 사람이 있다. 잠이 든 순간부터 아침에 일어나는 시간까지 잠에서 깼다가 다시 잠들기를 3번 이상 반복한다면, 또는 9시간 이상 잤는데도 몸이 개운치 않고 여전히 피곤하다면 수면장애일 가능성이 높다.

최근 학업 외에도 인터넷 게임을 하거나 친구와 휴대전화로 메시지를 주고받느라 새벽이 되어서야 잠자리에 드는 청소년도 많다. 잠들기 직전까지 밝은 불빛 아래에서 있거나 전자파가 나오는 전자기기를 사용하면 두뇌가 쉬지 못하고 계속 각성 상태에 있기 때문에 아무리 피곤해도 바로 잠에 들지 못한다.

전문가들은 잠들기 전에는 스트레스 해소용으로 컴퓨터 게임을 하거나 새벽까지 친구들과 휴대전화 문자메시지로 대화하지 말고, 가벼운 맨손체조를 하거나 가족과 대화하면서 두뇌의 긴장을 풀어주는 편이 좋다고 조언했다.

박미정 교수는 "수면 시간도 중요하지만 수면의 질은 더 중요하다"며 "얕은 잠을 오래 자기보다 짧은 시간이라도 깊게 자야 더 효율적"이라고 말했다. 숙면을 해야 근육이 이완돼 긴장이 풀리고 몸이 편안해져 성장호르몬도 잘 분비되기 때문이다. 실제로 키를 고민하는 청소년 가운데 밤마다 불면증에 시달리는 경우가 많다.

밤을 새고 낮잠을 오래 자는 것도 키에 별 도움이 되지 않는다. 성장호르몬 총 분비량 중 90%가 밤 11시부터 다음날 새벽 1시 사이에 분비되므로 일찍 자야 한다. 낮잠을 오래 자면 밤에 잠이 안 오는 불면증이 반복되고 생활패턴이 깨져 성장호르몬이 제대로 분비되지 않을 수 있다.

청소년기에 수면이 부족하면 성조숙증이 나타날 수도 있다. 2차 성징이 빨리 나타나면 성장판이 일찍 닫히기 때문에 키 성장이 비교적 빨리 멈춰버린다.

● 성장판 일찍 닫히는 성조숙증 증가 ✳ 최근 성조숙증으로 고민하는 어린이들이 늘어났다. 초등학교 저학년 반마다 2차 성징이 빨리 나타나는 아이들을 셀 수 있을 정도다. 이에 따라 전문가들은 키가 자라지 않는 주요 원인 중 하나로 성조숙증을 지목하고 있다.

건강보험심사평가원은 2006년부터 2010년까지 성조숙증으로 진료받은 어린이 환자 수가 6400명에서 2만 8000명으로 늘어났다고 발표했다. 5년간 4.7배나 증가한 것이다. 환자는 대개 여자92.5%어린이다. 아무런 걱정 없이 신나고 즐겁게 뛰어노는 대신, 사춘기 언니오빠가 겪고 있는 신체 변화가 나타나 남몰래 고민하고 있는 어린이들이 5배 가까이 증가한 셈이다.

어른처럼 꾸미고, 어른처럼 말하고 행동하며 빨리 어른이 되기를 꿈꾸는 요즘 아이들. 그런데 남들보다 빨리 어른이 되는 것이 어떤 문제를 일으키는 것일까? 전문가들이 성조숙증을 심각하게 생각하는 이유는 앞서 말한 바와 같이 성장판이 일찍 닫혀 키가 빨리 멈추기 때문이다. 또래에 비해 큰 아이라도 중간에 성장이 멈추면, 성인이 되었을 때에 오히려 '작은 키'로 고민할 가능성이 있다. 또 사춘기가 빨라지면서 몸이 지나치게 일찍 어른처럼 변하면 어린이가 정서적으로 충격을 받거나 수치심을 느끼기도 한다.

일반적으로 사춘기가 시작되는 시기는 초등학교 4~5학년에서 중학교 1~2학년 사이다. 유전적 요인이나 영양상태, 사회 경제적 수준, 인종에 따라서 달라질 수 있다. 그런데 또래에 비해 사춘기가 빨리 시작됐

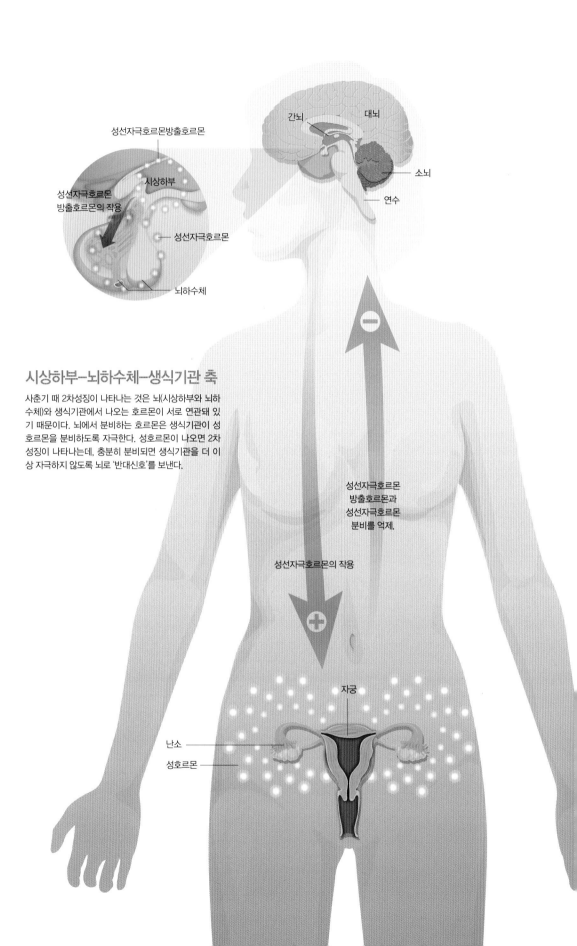

성선자극호르몬방출호르몬

간뇌 대뇌

시상하부

소뇌

성선자극호르몬
방출호르몬의 작용

연수

성선자극호르몬

뇌하수체

시상하부-뇌하수체-생식기관 축

사춘기 때 2차성징이 나타나는 것은 뇌(시상하부와 뇌하
수체)와 생식기관에서 나오는 호르몬이 서로 연관돼 있
기 때문이다. 뇌에서 분비하는 호르몬은 생식기관이 성
호르몬을 분비하도록 자극한다. 성호르몬이 나오면 2차
성징이 나타나는데, 충분히 분비되면 생식기관을 더 이
상 자극하지 않도록 뇌로 '반대신호'를 보낸다.

성선자극호르몬
방출호르몬과
성선자극호르몬
분비를 억제.

성선자극호르몬의 작용

자궁

난소

성호르몬

다고 모두 성조숙증은 아니다. 식습관이 서구화되면서 최근에는 사춘기를 시작하는 나이가 빨라지고 있다.

성조숙증은 의학적으로 여자어린이가 만 8세 미만, 남자어린이가 만 9세 미만에 2차 성징이 나타나는 것을 말한다. 2차 성징이란 성을 판별하는 데 근거가 되는 형질로 태어날 때부터 결정돼 있는 1차성징과 달리 호르몬에 의해 남자는 남자답게, 여자는 여자답게 모습을 갖추는 것을 말한다.

2013년 1월을 기준으로 2005년 1월 이후에 태어난 여자어린이가 가슴 몽우리가 발달했거나 초경을 경험했다면 성조숙증을 의심해봐야 한다(남자어린이는 2004년 1월 이후가 대상이다).

사춘기 때 2차 성징이 나타나는 것은 뇌에서 분비한 호르몬 때문이다. 잠자는 동안 황체형성호르몬[LH]의 분비가 증가하면서 '시상하부–뇌하수체–생식기관성선 축'에 사춘기가 시작된다는 종을 울린다. 시상하부는 간뇌의 일부분으로 성선자극호르몬방출호르몬을 분비한다. 이 호르몬은 시상하부에 달린 자그마한 주머니인 뇌하수체를 자극해 성선자극호르몬을 분비하게 시킨다.

뇌하수체가 성선자극호르몬을 분비하면 생식기관에서는 성호르몬을 생산하기 시작한다. 여성은 난소에서 에스트로겐난포호르몬이나 프로게스테론황체호르몬 같은 여성호르몬이, 남성은 정소에서 테스토스테론 같은 남성호르몬이 나온다. 성호르몬이 분비되면 여자는 유방이 발달하거나 초경을 하고 남자는 고환이 커진다.

🔵 고기랑 콩 많이 먹으면 성조숙증 온다? ✳ 어떤 이유로 시상하부–뇌하수체–생식기관 축이 너무 빨리 활성화되면 그만큼 사춘기가 일찍 시작된다. 요즘 문제가 되고 있는 성조숙증이 바로 이런 이유 때문에 발생한 것이다특발성 성조숙증.

남녀 모두 성호르몬이 분비되면 키가 일시적으로 빨리 자랐다가 시간이 지나 성장판이 닫히면서 키가 멈춘다. 성조숙증이 나타나면 나이에 비해 2차 성징이 빨리 나타날 뿐 아니라, 처음에는 또래보다 키가 빨

특발성 성조숙증

대부분의 성조숙증은 원인이 밝혀지지 않았다. 뇌하수체-시상하부-생식기관 축이 지나치게 일찍 활성화돼 2차 성징이 빨리 나타난다.

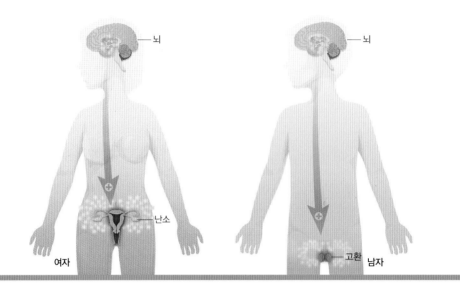

기질적 성조숙증

대뇌나 생식기관, 부신에 어떤 질환이 있을 때 생긴다. 뇌하수체-시상하부-생식기관 축이 활성화되지 않아도 성호르몬이 과다분비돼 2차 성징이 일찍 나타난다.

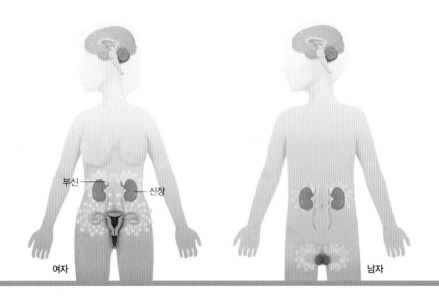

리 크는 것처럼 보이지만 성장판이 일찍 닫혀 최종 키성인이 되었을 때의 키가 남들보다 작을 가능성이 높다. 다른 친구들보다 몸이 일찍 발달하는 것 때문에 창피함을 느끼거나 수영장과 목욕탕에서 옷 갈아입기를 꺼려하는 것 같은 심리적인 문제가 발생하기도 한다.

의학계에서는 식습관이나 영양상태가 성조숙증을 유발한다고 추정하고 있다. 1970년대 말 이탈리아와 푸에르토리코에서는 성조숙증이 집단으로 나타났다. 1976년부터 8년간 '가슴이 지나치게 일찍 발달한' 여자어린이가 482명이나 발견된 것이다. 그중 60%는 만 2세 이전에 이미 2차 성징이 나타났다. 당시 그 지역 의사들은 그곳에서 생산되는 소고기와 닭고기, 우유에 원인이 있다고 보고 섭취하지 않도록 처방을 내렸다. 그 결과 2~6개월 이내에 증상이 사라졌다.

지금도 일부 학자들은 고기나 콩처럼 에스트로겐을 함유한 식품이 성조숙증을 일으킨다고 주장한다. 하지만 특정 식품이 성조숙증을 직접적으로 일으킨다는 연구 결과는 아직까지 나온 바가 없다. 국립중앙의료원 소아청소년과 신혜정 전문의는 "영양 불균형과 편식이 더 나쁜 영향을 미칠 수 있으므로 음식은 골고루 먹으라"면서 "비만한 어린이에게 성조숙증이 나타날 가능성이 높기 때문에 섭취량은 적당해야 한다"고 당부했다.

전문가 대부분이 꼽는 성조숙증 주원인에는 환경호르몬몸속에서 호르몬 작용을 방해하거나 교란시키는 물질도 있다. DDD디클로로디페닐 디클로로에탄나 PBB폴리브로미네이트 바이페닐 같은 화학물질에 오랫동안 노출되거나, 심리적으로 스트레스를 많이 받은 어린이에게서 성조숙증이 나타난다는 것이다.

우리나라 전문가들은 최근 국내에서 성조숙증이 늘어난 원인을 무엇이라고 설명할까. 건강보험심사평가원에서는 식습관이 서구화되면서 소아비만이 증가했고, TV와 인터넷을 통해 자극적인 사진과 영상에 어린이들이 무분별하게 노출됐기 때문으로 설명했다. 성적 자극을 자주 받으면 뇌신경을 자극해 호르몬 분비에 영향을 준다는 것이다.

신혜정 전문의는 "성조숙증이 왜 일어났는지 정확한 원인 한 가지를 딱 꼬집어 말하기는 어렵다"면서 "영양 불균형으로 인한 비만과 스트레스, 유전적 요인과 환경적 요인 등이 복합적으로 작용했기 때문으로 봐야 한다"고 설명했다. 원인이 불분명하고 여러 가지 요인이 복합적으로 얽혀 있기 때문에 전문가들은 성조숙증이 의심되면 병원을 찾아가야 한다고 말한다.

⬤ **키 크는 비법 4 성조숙증이라면 성장판 닫히기 전에 치료!** ＊ 만 8세 미만인 여자어린이가 가슴이 나왔다고 해서 무조건 성조숙증은 아니다. 비만 어린이들은 몽우리가 생기지 않아도 가슴살이 찔 수 있기 때문이다. 일반인이 성조숙증을 판단하기가 어렵다는 얘기다. 신혜정 전문의는 "성조숙증이 의심되면 꼭 소아청소년과 전문의와 상담해야 한다"고 조언했다.

성조숙증이 의심되는 어린이가 소아청소년과를 찾으면 먼저 어린이의 몸을 살펴 사춘기가 시작됐는지 확인한다. 여자어린이는 가슴 몽우리를 살피고 남자어린이는 고환의 크기를 재어본다. 2차 성징이 나타났다면 시상하부–뇌하수체–생식기관 축이 활성화됐는지 관찰한다. 또 다른 질환은 없는지, 사춘기가 얼마나 빨리 진행되는지, 2차 성징을 촉진하는 영양제나 약을 먹고 있지 않은지 고려해 성조숙증인지 판단한다.

필요하다면 호르몬 농도나 뼈나이를 관찰하기도 한다. 호르몬 검사는 성선자극호르몬방출호르몬을 투여한 뒤 15~30분 간격으로 2시간 동안 혈액에 들어 있는 성호르몬의 농도를 측정해 시상하부−뇌하수체−생식기관 축이 얼마나 활성화됐는지 알아보는 것이다. 뼈 나이는 왼손을 X선으로 촬영해 알 수 있다. 자기 나이에 비해 사춘기가 빠를수록 뼈가 많이 성숙해 있다.

하지만 성조숙증이 나타났다고 모두 치료해야 하는 것은 아니다. 성조숙증이 불임이나 암을 유발하는 것은 아니기 때문이다. 남들보다 빠른 사춘기를 정신적으로 견뎌내기 힘들거나 뼈나이가 실제 나이보다 2살 이상 앞선 경우, 성장판이 일찍 닫혀 최종 키가 지나치게 작을 것^{150cm 미만}으로 염려될 때에만 치료한다. 치료는 약물이나 호르몬제를 쓴다. 약물은 시상하부−뇌하수체−생식기관 축 활성을 억제하고 호르몬제^{성선자극호르몬방출호르몬}유사체는 기존 호르몬의 작용을 방해한다. 사춘기가 나타나는 평균 나이가 될 때까지 생식기관이 자극받지 않도록 억제한다.

치료를 받지 않아도 되는 경우에는 3~6개월마다 정기적으로 병원을 찾아 사춘기 진행 속도를 관찰한다. 전문의들은 "성조숙증 치료는 일찍 받을수록 좋으며, 적절한 치료를 꾸준히 받으면 사춘기 진행속도도 늦추고 키도 많이 큰다"고 조언했다.

08

성

화

필자 **송은영**

서울에서 태어나 고려대학교 물리학과를 졸업하고, 동대학원에서 원자핵물리학을 전공했다. 가슴 설레는 멋진 책을 쓰는 것을 목표로 1993년부터 과학 대중화의 길을 걸어오며 작품 활동을 해왔고, 1999년 제17회 한국과학기술도서상 저술부문을 수상했다. 지은 책으로는 『미스터 퐁 과학에 빠지다』(부키, 2011), 『아인슈타인의 생각실험실1, 2』(부키, 2010)가 있다. 이 외에 『아인슈타인과 호킹의 블랙홀 랑데부』(해나무, 2005), 『속담 속에 숨은 수학』(봄나무, 2012)를 비롯해 다수의 저서가 있다.

탐 사

인류는 왜
화성을 생각하나

우리 선조들은 지구 밖 공간은 인간의 능력으로는 어찌해 볼 수 없는, 신들의 영역이라 보았다. 그래서 이런 전래 동요도 나온 게 아니던가.

달아달아 밝은 달아 이태백이 놀던 달아
저기 저기 저 달 속에 계수나무 박혔으니
옥도끼로 찍어내어 금도끼로 다듬어서
초가삼간 집을 짓고 양친부모 모셔다가
천 년 만 년 살고 지고 천 년 만 년 살고 지고

그러나 이런 상상은 1969년 아폴로 11호를 탄 우주인들이 달 표면에 성공적으로 발을 내디디면서 깨져버렸고, 달은 이제 더 이상 신만의 공간이 아니게 되었다. 달을 정복한 인간은 다음에 정복할 천체로 화성을 지목했는데, 여기엔 그럴만한 충분한 까닭이 있었다.

○ **화성 생명체** * 1877년 이탈리아의 천문학자 지오바니 스키아파렐리Giovanni Virginio Schiaparelli는 화성을 관측하다 표면을 뚜렷하게 가로지르는 선을 발견했다. 그는 이것을 이탈리아 어로 줄을 뜻하는 카날리canali라고 명명했는데, 문제는 이것을 영어로 번역하면서 운하를 의미하는 카날canal로 오역한 데 있었다. 즉 스키아파렐리의 발견은 '화성에 인공적으로 만든 거대한 운하가 있다', '화성에는 대형 운하를 건설할 만큼의 지성이 있는 생명체가 살고 있다'는 등등의 얘기로 확대 재생산됐고, 이런 분위기는 19세기 말 더욱 증폭됐다.

"19세기 말까지만 해도 사람들은 우주에 인간보다 지능이 월등히 높은 존재가 있다고는 생각하지 못했다. 다른 행성이 우리를 위협하리라고는 상상도 할 수 없었다. 화성인들은 우리의 상상을 뛰어넘는 첨단 장비와 지능으로 우주를 살피다가 마침내 지구라는 희망의 별을 찾아냈다. 그들의 눈에는 인간들이 어떻게 비칠까?"

1898년 영국의 소설가 웰스Herbert George Wells가 내놓은 과학 소설 『우주 전쟁The War of the Worlds』은 인간에 버금가는, 아니 그 이상 가는 지적인 화성인을 이렇게 그려놓았고, 화성 고등 생명체는 인간의 뇌리에 강하게 각인됐다.

1924년 8월 화성 고등 생명체와 그 흔적을 찾으려는 열정은 지구를 흥분의 도가니로 몰아넣었다. 사람들은 화성인이 보냈을지도 모를 지적인 신호를 듣기 위해 민간 및 군 방송국을 포함한 모든 방송국이 3일간 전파 송출을 하지 말자는 운동을 펼쳤고, 미군은 외계 전파를 해독하는 부서와 책임자를 임명하기까지 했다. 실제로 영국과 캐나다의 무선통신 교환수들은 지금까지 들어보지 못한 전파 음을 들었다고 보고했다. 그 때의 열광적 분위기는 화성인이 보낸 전파 음을 잡아보려는 시도에서 끝나지 않았다. 일련의 과학자들은 스위스의 알프스에 차린 관측소에서 화성을 향해 전파 신호를 쏘아 보냈고, 일단의 천문학자들은 천

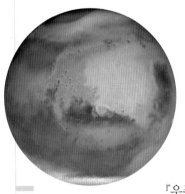

화성 표면 있는 줄을 보고 사람들은 화성에 운하가 있고 운하를 만들 수 있는 생명체가 살고 있다고 믿게 됐다.

톰 크루즈 주연 스티븐 스필버그 감독의 영화 '우주 전쟁'. 화성의 괴생명체가 지구를 습격한다는 내용으로 화성 생명체에 대한 관심이 영화와 소설로 만들어진 사례라고 할 수 있다.

체망원경으로 다가오고 있는 화성 표면을 면밀히 관측하기도 했다. 그러나 이런 노력에도 불구하고 화성 생명체를 상기시킬만한 증거를 발견하진 못했다.

세월은 40여 년이 흘러 과학자들은 화성으로 우주선을 보내는 작업에 들어갔고, 최초의 화성 탐색선인 마리너 4호가 1964년 11월 28일 지구를 떠나 1965년 7월 14일 화성 상공 1만여km 부근을 지나며 20장의 사진을 찍어 지구로 전송했다. 사진 속에 화성의 분화구는 또렷이 들어 있었으나, 운하로 인식될만한 흔적은 보이지 않았다. 1969년 2월 24일과 3월 27일, 더욱 정교한 관측을 하기 위해서 발사된 마리너 6호와 7호가 화성 상공 3200여km 지점을 선회하며 200여 장의 사진을 찍어 보냈다. 화성은 지구만큼이나 복잡한 지질학적 변화를 겪었음이 드러났지만, 이 사진 속에서도 화성 운하의 흔적은 드러나지 않았다. 이어 1971년 5월 30일 지구를 떠나 11월 화성 궤도에 진입한 마리너 9호는 먼지 폭풍이 가신 후인 12월부터 화성 곳곳을 자세히 조사해서 화산, 거대한 계곡, 극관의 미세한 층리, 과거에 물이 흘렀던 흔적 등과 같은 지난 마

리너 우주선들이 찍어 보내지 못한 영상 7천여 장을 전송했으나, 여전히 운하에 대한 흔적은 보이지 않았다.

화성 전 표면을 샅샅이 훑었는데도 운하의 흔적을 찾지 못하자, 과학자들은 우주선을 화성 표면에 직접 착륙시키는 구상을 하게 됐고, 바이킹 1호와 2호가 그 임무를 띠고 1975년 8월 20일과 9월 9일에 화성을 향해 출발했다. 화성의 토양은 대부분 규소와 철로 이루어졌으며, 화학적으로는 산소와 결합한 상태였는데 화성이 불그스레한 색을 띠는 것은 이 때문이었다. 화성의 대기는 이산화탄소95%가 대부분을 차지했고, 질소2.6%, 아르곤1.6%이 그 다음을 이었으며 대기압은 지구의 150분의 1에 불과했고, 지표에서는 액체 상태의 물을 발견할 수 없었다. 이렇듯 화성은 산소도 없고 기압은 무척 낮은데다 물까지 없는 등 생명체가 숨 쉬고 있기에는 최악의 조건을 갖춘 곳이었다.

우주선 마리너의 조사를 통해 화성에 고등 생명체가 존재할 가능성은 거의 사라진 셈이었다. 그래도 화성 생명체에 대한 희망을 완전히 거두진 않았는데 바이킹 탐사선이 그 마저도 거둬갈 판이 돼 버렸다. 그럼에도 일부 학자들은 그 가능성을 완전히 배제하지 않은 채 바이러스 수준의 생명체는 화성 지표 아래에 숨어 있을 가능성이 있다고 보았는데, 그런 추측에 실낱같은 희망을 주는 사건이 1996년에 일어났다.

▲1975년 바이킹 계획에 따라 발사되는 우주선. 바이킹 탐사선은 화성 표면을 촬영해 지구로 전송했다.
▶화성탐사 로봇 큐리오시티가 화성 표면에 착륙하는 모습.

"1984년 남극의 빙하 지대에서 발견된, 1만 3000여 년 전 지구에 낙하한 '앨런힐스 84001'이라 부르는 화성 운석 속에서 외계 생명체로 보이는 흔적을 발견했습니다. 이 생명체는 단세포 구조로, 전자 현미경과 레이저 분광기로 분석한 결과 35억 년 전 지구에 생존한 박테리아와 흡사한 걸로 드러났습니다."

화성 생명체 옹호론자들은 미국 항공우주국NASA의 이 발표를 반갑게 받아들였지만, 그 반대편 학자들은 이 생명체가 남극의 얼음 속에 갇혀 있는 동안 오염된 지구 생명체일 거라고 주장하기도 했다. 2011년 11월 26일 지구를 떠난 화성탐사 로봇 큐리오시티의 주 임무도 화성 생명체에 대한 흔적을 찾으려는 것이다.

◉ 화성탐사의 또 다른 목적 ✱ 19세기 후반에서 20세기 초반까지의 화성탐사는 화성 생명체에 대한 호기심이 큰 목적이었으나, 그 이후 우주 개발이라는 목적이 추가되었다.

우주 개발은 최첨단 과학 기술이 집약된 것이어서 이로부터 얻는 이득은 상상을 초월한다. 각 가정의 책상에 한 대씩은 앉혀 놓고 있는 개인용 컴퓨터도 우주개발이 낳은 산물이다. 1960년대의 컴퓨터는 집채만 했는데, 이만 한 크기를 우주선에 탑재시킬 수는 없었다. 이를 해결하기 위해 소형화 작업에 매진했고, 그 결과 반도체 칩 같은 고집적 부품을 만들어냈다. 이것이 곧 LED TV, 핸드폰 같은 전자제품을 낳는 기술로 이어지기도 했다. 어디 이뿐인가. 우주선이 지구를 벗어나려면 대기와의 마찰로 수천 도에 이르는 열에너지를 견뎌야 하기 때문에 불에 타지 않는 물질 연구를 진행했다. 지구보다 중력이 약하거나 강한 곳에서 인체가 어떻게 반응하고 동식물이 어떻게 작용하고 성장하는지를 살펴 의료와 가축과 농작물 재배에 활용하게 됐다. 뿐만 아니라 현재보다 월등히 향상된 항공기와 인공위성을 제작하는 데 이용할 수 있고, 레이저와 다탄두 로켓과 로봇 같은 군사 기술을 향상시키는 데도 일조했다. 솔직히 말하면 여기 열거한 몇몇 예는 우주개발이 가져다 줄 선물 중 세 발의 피에 불과하다고 해도 과언이 아니다. 우리가 앞으로 이용할 거의 모든 제품의 뿌리는 우주개발과 연관될 수밖에 없으며, 그런 점에서 화성탐사는 무진장한 이득을 안겨다주는 보물인 셈이다.

인류는 1969년에 달을 정복해 놓고 40여 년을 훌쩍 넘긴 지금 이 시간까지도 지구 옆 행성인 화성에 발자국을 남기지 못하고 있는데, 이는 화성까지가 달과는 비교도 안 될 만큼 멀기 때문이다. 사실 아폴로 우주선이 달까지 가는 데는 3~5일이면 충분했으나, 화성까지는 지구와 가까워지는 때를 그 출발 시기로 잡더라도 현재의 과학기술로 5개월 이내로 줄이기는 어렵다. 여기서 우주선의 동력과 비행에 대해 살펴보자.

　우주선이 천체를 탈출하려면 엄청난 순간 폭발력이 요구된다. 예컨대 아폴로 11호에 장착된 새턴 로켓$^{Saturn Rocket}$은 무게가 3000t이 넘는데, 대부분이 연료의 무게다. 이 엄청난 연료를 단시간에 뿜어낸 반발력으로 솟구쳐 올라야 지구 중력을 이기고 우주로 나아갈 수 있다. 우주선에 사용하는 연료는 고체와 액체가 있다. 고체 연료는 화약이라 생각하면 되는데, 보관이 쉬운 반면 불꽃 제어가 힘들다. 반면 액체 연료는 보관은 불편해도 노즐^{nozzle}을 이용해 잠그면 되기 때문에 불꽃 제어가 용이하고 폭발력이 우수해서 이를 더 비중 있게 사용한다. 우주선의 연료에는 산화제를 넣어주는데, 고공으로 오를수록 산소가 희박해지기 때문이다. 연소가 일어나려면 산소 없이는 안 되므로, 우주선 연료에 산화제를 넣는 것이다.

　이처럼 우주선에 장착하는 화학 연료는 그 자체 무게만도 엄청나서 이상적인 동력원이라고 볼 수 없다. 어차피 태워서 써버릴 연료를 싣기 위해 그 무게를 지탱할 만한 연료까지 추가로 실어야 하는 것은 아무래도 비경제적이다. 이를 해결하기 위해 생각해낸 것이 원자력이다. 석유 1kg이 내는 에너지는 1만kcal 정도지만, 우라늄 1kg은 그것의 200만 배가 넘는 200억kcal 남짓한 에너지를 방출한다. 이런 차이라면 누가 보아도 우주선의 새로운 에너지원으로 군침이 돌만하다. 그러나 원자력을 우주선에 이용하려면 방사능 누출을 제어할 수 있는 안전장치가 완벽히 마련되어야 하는데, 안타깝게도 우리의 과학기술이 아직은 이 수준에 이르지는 못하고 있다.

　우주선이 천체의 중력권을 벗어나면, 관성을 이용해 에너지를 쓰지 않고도 비행할 수 있다. 관성의 법칙에 따르면, 등속 운동을 하는 물체는 그 상태를 계속 이어 가고 싶어 한다. 도로를 달리는 자동차가 계속 에너지를 소모하는 것은 지면과의 마찰로 에너지를 잃기 때문이다. 따라서 원래 속도를 유지하기 위해 어쩔 수 없이 에너지를 추가로 써야 하는 것이다. 반면 진공이라면 어떻겠는가? 마찰이 없으니 에너지 소모가 없어 속도를 높이지 않는 한 추가 에너지는 필요하지 않는데, 그런 곳이

바로 우주 공간이다. 우주 공간에서는 별도의 에너지를 들이지 않고도
동일 속도로 비행할 수 있는 이유다.

● 화성으로의 유인 우주 비행 ＊ 마리너 우주선, 바이킹 우주선,
1996년 12월 4일 발사한 패스파인더호, 2012년 8월 6일 화성에 착륙한
탐사 로봇 큐리오시티를 싣고 간 MSL^{Mars Science Laboratory; 화성과학실험실} 탐사선
등 현재까지 화성을 향해 발사한 우주선은 모두 다 무인^{無人} 우주선이다.
어찌 보면 단지 사람 몇 명 태웠냐 아니냐의 대수롭지 않은 문제로 여길
수도 있을지 모르겠으나, 무인과 유인은 엄청난 차이가 있다.

무인우주선은 연료만 넣어서 실어 보내면 되지만, 유인우주선은 우
주 비행사들이 5개월에서 8개월 동안 먹을 음식물과 그것을 넉넉히 채
울 공간이 필요하다. 이뿐이 아니다. 그동안 마실 물과 들이킬 산소와
그 외에 필요한 여러 필수품들은 또 어찌 하겠는가? 이들 무게가 만만
치 않다. 게다가 소변과 대변이라는 생리적 결과물의 처리도 곤혹스러
운 문제가 아닐 수 없다.

그러나 고민은 이것으로 끝난 게 아니다. 밀폐된 공간에서의 장시간
비행이라, 우주 비행사들에게 무기력증이나 의욕상실감 같은 이상 증상
은 언제든 나타날 수 있다. 또 신체 건강한 사람을 우주비행사로 선발했
다고 해도 예상하지 못하게 급작스레 발발하는 맹장이나 심혈관계 질환
은 크나큰 고민거리다. 만약 이런 상황을 신속하게 대처하지 못해 위급
상황으로 넘어간다면 지구로 귀환할 수도 없고 화성으로 무작정 갈 수
도 없는 상황에 빠지게 된다. 며칠 정도의 우주 비행이라면 응급조치를
취하고 어찌어찌 버텨볼 수 있겠지만, 수술이 필요한 환자, 절대 안정이
필요한 환자를 데리고 그 오랜 동안의 임무를 완수하겠다는 것은 불가
능하다. 그래서 화성으로의 유인 비행은 언제 어디서 어떻게 발생할지
모를 응급과 위기 상황에 즉각 적절히 대처할 수 있어야 한다.

이런 사고 없이 화성 근처에 도달했다고 해도 고민은 여전하다. 우주
비행사를 태운 모선^{母船}이 화성에 착륙하느냐, 착륙선만 화성에 내려가
느냐도 또 하나의 큰 고민거리다. 아폴로 11호처럼 착륙선만 화성 땅을

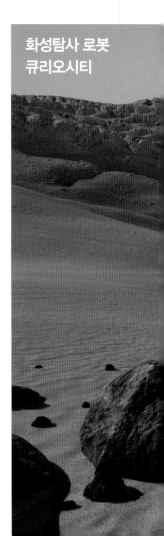

화성탐사 로봇
큐리오시티

밟는다면, 누군가는 모선에 남아 우주비행사들이 귀환할 때까지 화성 주변을 선회해야 한다. 천문학적인 돈을 들이고, 장시간의 우주 비행 끝에 화성에 겨우 발을 디뎠는데 하루 이틀 머물고 지구로 돌아간다면 아쉬움을 떠나 밑져도 너무 밑지는 장사가 아닐 수 없다. 적어도 화성에서 수개월에서 많게는 1년 이상 체류할 필요가 있는데, 이렇게 되면 모선에 남은 우주 비행사는 그 기간 동안 무료하게 화성 상공을 선회하면서 그들이 돌아오길 기다려야 한다. 그동안 그에게 아무런 문제가 발생하지 않는다는 보장이 없기에 이 역시 반드시 짚고 넘어가야 할 일이다.

그렇다고 모선이 화성에 착륙하면 고민은 더 커진다. 수개월, 수년을 화성에서 보내고 지구로 귀환할 때 모선을 어떻게 띄워 올릴지가 숙제다. 몇 명의 우주 비행사가 화성에 케이프 케너배럴 같은 우주 발사장을 세울 수도 없는 일이고, 우주 발사장이 있다고 해도 모선을 띄워 올릴 로켓 연료를 어떤 방법으로 해결하느냐는 것이다. 물론, 화성은 지구보

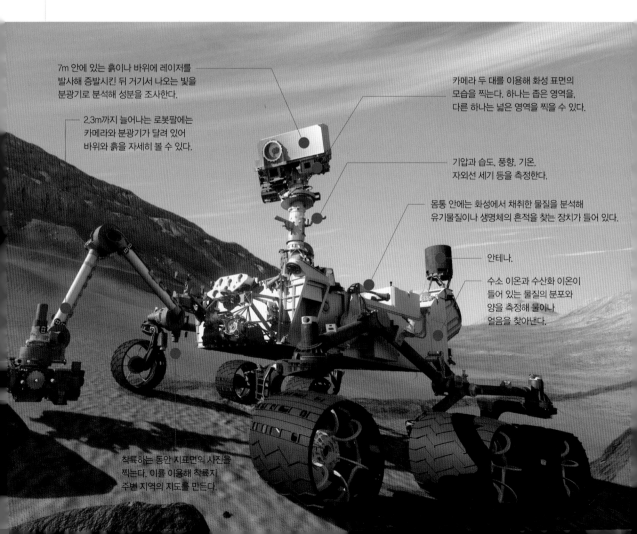

7m 안에 있는 흙이나 바위에 레이저를 발사해 증발시킨 뒤 거기서 나오는 빛을 분광기로 분석해 성분을 조사한다.

2.3m까지 늘어나는 로봇팔에는 카메라와 분광기가 달려 있어 바위와 흙을 자세히 볼 수 있다.

카메라 두 대를 이용해 화성 표면의 모습을 찍는다. 하나는 좁은 영역을, 다른 하나는 넓은 영역을 찍을 수 있다.

기압과 습도, 풍향, 기온, 자외선 세기 등을 측정한다.

몸통 안에는 화성에서 채취한 물질을 분석해 유기물질이나 생명체의 흔적을 찾는 장치가 들어 있다.

안테나.

수소 이온과 수산화 이온이 들어 있는 물질의 분포와 양을 측정해 물이나 얼음을 찾아낸다.

착륙하는 동안 지표면의 사진을 찍는다. 이를 이용해 착륙지 주변 지역의 지도를 만든다.

다 중력이 약해 탈출 속도를 내는데 지구 대기권을 벗어났을 때의 연료 만큼은 아니어도 상당량의 연료가 필요하다. 이를 해결하지 못하면 우주 비행사들은 힘겹게 도착한 화성에서 미아 신세가 되고 말 것이다.

이렇듯 화성으로의 유인 우주 비행은 큐리오시티 로봇을 화성에 착륙시키는 것과는 비교도 안 되는 여러 까다로운 조건을 완벽하게 갖춰야 한다. 우주 비행의 양대 강국인 미국과 러시아는 2020년 후반에서 2030년 초반 사이에 유인 우주선 화성 발사를 성공시키겠다는 야심찬 계획을 진행 중이다.

◉ 화성의 지구화 ✳ 화성탐사의 최종 목적은 화성을 인류가 살 수 있는 곳으로 만드는 것이다. 이것을 '화성의 지구화'라고 한다. 화성을 지구화하려면, 우선 지구와 같은 환경을 갖추도록 해야 하는데, 지구와

화성을 '제2의 지구'로 만들기 위해 화성기지를 건설한다. 지구에서 화성기지를 건설하는 데 필요한 장비를 실어나는 모습(상상도).

엇비슷한 수준의 대기, 지구에서 느끼는 사시사철 정도의 온도 변화, 농작물을 재배하고 소와 돼지와 닭을 키울 수 있는 농지와 토지 등의 제반 여건을 갖춰야 하는데, 이게 하루 이틀에 이루어질 일이 아니다. 그래서 화성에 도착한 사람은 어찌됐든 상당 기간 중력이 지구와 달라서 빚어지는 화성의 척박한 환경을 이겨내야 한다.

우리는 지구 환경에 적응하며 살아왔다. 우리가 알게 모르게 젖어든 지구의 환경 가운데 하나가 '공기의 누름'이다. 태어나면서부터 너무도 자연스럽게 익숙해져 버린 탓에 미처 인식하지 못하지만, 우리 주위에는 공기가 퍼져 있고 이것이 우리의 몸을 짓누르고 있다. 이 힘이 대기압$^{大氣壓, \text{atmospheric pressure}}$인데, 줄여서 기압이라고 부른다. 기압이 상승하면 기체의 용해도는 증가한다. 말하자면 압력이 높을수록 기체는 잘 녹는다는 얘기다. 1803년 영국의 화학자 헨리$^{\text{William Henry}}$가 이 사실을 발견해 그의 이름을 따 '헨리의 법칙'이라 한다.

이런 대기와 대기압은 중력의 영향에 절대적이다. 달에 공기가 없는 이유가 중력이 약해 대기를 잡아두지 못하기 때문인데, 지구보다 질량이 작은 화성도 중력이 약하긴 마찬가지다. 지구의 중력은 화성의 2.6 배가량이며, 이는 곧 화성의 대기압이 지구보다 약하단 말이다.

우리가 지구상의 지표와 해수면에서 느끼는 대기압은 1기압 정도고, 우리 인체는 이만큼의 대기압에 익숙해져 있다. 그래서 지표에 비해 대기압이 낮은 고산 지대, 예를 들어 해발 2500미터 이상의 산에 오르면 두통과 구토, 현기증과 감각 이상 등의 증세를 겪는다.

지구 표면에서의 중력을 9.8이라고 하면 화성의 상대적인 중력은 3.8$^{9.8/2.6}$ 정도로, 이는 우주왕복선의 비행 고도인 지상 400km$^{중력 8.7}$와 정지 인공위성이 공전하는 고도 3만 6000여 km$^{중력 0.22}$ 사이의 값이다. 화성의 중력 환경은 인공위성이 머무는 공간과 비슷하다.

인체 속 공기는 지구 대기압에 익숙해 있는데, 기압이 낮은 화성에 도착하면 기체의 용해도가 일순 낮아지며 액화되었던 몸속 공기가 기체로 변한다. 혈액 속의 공기가 기화하면서 피는 부글부글 끓어오르고, 외부 압력이 약해진 탓에 폐 속 기체의 밖으로 미는 힘은 상대적으로 강해져 폐는 터져버리고 만다. 이런 불상사를 방지하기 위해 화성을 거닐 때에는 화성의 중력과 대기압을 견디게 해줄 특수 우주복을 입고 다녀야 하고, 건물 내부의 기압은 지구 대기압에 맞춰 놓아야 특수 압력복을 입지 않고 지낼 수 있다.

여기서 보듯 우리가 화성을 맘 놓고 거닐기 위해선 일단 대기가 중요하다. 대기가 부족한 화성은 기압 차로 인한 치명적인 상해 말고도, 살인 광선을 막아주질 못한다. 지구 상공의 오존층은 자외선을 막아주지만, 화성은 대기가 풍족하지 못해 오존층 자체가 형성돼 있지 않다. 그래서 태양광 속 자외선이 그대로 지표로 낙하할 수밖에 없고, 피부암의 원인인 이 빛을 고스란히 맞을 수밖에 없다.

과학자들은 화성에 대기를 풍족하게 하는 방법으로 화성의 극쪽에 얼음 상태로 쌓여 있는 물질을 이용하려 한다. 길이가 수km 남짓한 거대 반사판을 화성 상공에 띄워놓고, 태양빛을 극관 쪽으로 향하게 해 고체 상태의 물을 기체 상태로 상전이 시킨다. 화성의 극관 쪽 얼음에는 이산화탄소가 다량 들어 있는데, 이것이 기화되어 화성의 대기 중에 퍼지면 온실효과가 일어나 자연스레 화성의 온도가 올라가고, 온도가 상승하면 화성 상공에는 기체가 더욱 많이 쌓이게 돼 대기압이 증가하고, 그러면서 오존층도 생겨나 자외선을 차단해줄 수 있게 된다.

이런 화성의 지구화 과정을 화성에 있는 물질로만 해낼 수 있다면 그보다 더 좋을 순 없겠지만 현실적으로 그것은 거의 불가능에 가까운 일이다. 그래서 지구에서 어느 정도의 물질은 공급해줘야 하는데 이때 가져가야 할 첫 순위 물질이 액화수소다. 액화수소는 화성에 얼마든지 있

는 이산화탄소와 어우러져 메탄과 수증기를 만들어낸다. 메탄은 요리를 하고 난방을 하는 데 이용하는 천연가스여서 이를 이용하면 어느 정도의 연료 문제는 해결된다. 메탄을 연소시키려면 산소가 필요한데, 산소는 액화수소를 이산화탄소와 반응시켜서 얻은 물을 전기분해해 얻고, 그 과정에서 생긴 수소와 화성의 풍부한 이산화탄소를 반응시켜서 메탄과 물을 재생산하면 물 문제를 해결 할 수 있다. 또한 메탄은 로켓의 연료로도 사용하기 때문에 화성에 도착한 우주선이 지구로 귀환하는 데도 이를 십분 이용할 수 있다.

이런 기초 공사가 일단락되면 화성의 대지를 살아 숨 쉬게 해야 한다. 지구의 땅속에는 지렁이를 비롯해 각종 미생물과 박테리아가 서식하고 있다. 이들이 지구의 토양을 거름지고 살찌게 해주는 동력원으로, 지구의 이런 생명체들을 화성의 토양에 옮겨놓으면 풀이 자라고 나무와 식물이 번성하며 소와 말이 뛰어다닐 수 있는 녹색의 대지가 만들어질 것이다. 물론 이 과정에서 화성 환경에 좀 더 빨리 적응할 수 있도록 유전적으로 변형시킨 미생물과 동식물이 공수될 수 있을 것이다. 지구는 포화 상태다. 인구는 나날이 증가하고, 자원은 고갈돼 가고, 공해 문제와 그로 인한 부작용은 심각하기 이를 데 없다. 과학자들의 예측에 의하면 화성의 지구화는 수 천 년 동안 이런 식으로 서서히 진행될 거라 하는데, 그때가 되면 화성탐사의 목적도 성공적으로 마무리될 것이다.

인09

공

필자 **고호관**

2006년 서울대학교 과학사 및 과학철학 협동과정에서 과학사로 석사학위를 받았다. 2005년 동아사이언스에 입사해 《어린이과학동아》, 《수학동아》를 거쳐 현재 《과학동아》 기자로 일하고 있다. 지은 책으로는 『술술 읽는 물리 소설책』(부즈펌, 2009), 옮긴 책으로는 『아서 클라크 단편 전집』(황금가지, 2009), 『SF명예의 전당』(오멜라스, 2011), 『카운트 제로』(황금가지, 2012) 등이 있다.

뇌

정신노동까지
대신하는 로봇

"이 이벤트^{event}에는 입장권이 필요 없다. 물질이 블랙홀에서 탈출하지 못하는 경계를 무엇이라 부르는가?"

삑~!

"왓슨!"

"사건^{event}의 지평선입니다."

"정답입니다."

.

.

.

"문학 작품 속 인물. 악의 근원. 바랏두르의 탑에서 마지막으로 목격됨. 거대한 눈처럼 생겨서 못 보고 지나치기 힘들다."

미국의 퀴즈쇼 '제퍼디'에 출연한 인공지능 왓슨. 왼쪽부터 진행자인 알렉스 트레벡과 켄 제닝스, 왓슨, 브랫 러터.

삑~!

"왓슨."

"사우론입니다."

"사우론, 정답입니다."

2011년 2월 14~16일 미국의 유명한 퀴즈쇼 '제퍼디'에 얼굴 없는 참가자가 나타났다. 목소리만으로 대결에 임한 이 색다른 참가자의 이름은 왓슨이었다. 왓슨의 상대는 역대 제퍼디 출연자 중 상금을 가장 많이 획득한 브랫 러터와 가장 오랫동안 연속으로 우승한 켄 제닝스. 왓슨은 이 막강한 퀴즈의 대가들을 상대로 전혀 주눅이 들지 않은 채 대결을 펼쳤다. 최종 결과는 왓슨 7만 7147달러, 켄 제닝스 2만 4000달러, 브랫 러터 2만 1600달러였다. 왓슨의 압도적인 승리였다.

이 대결이 눈길을 끈 건 왓슨이 사람이 아니기 때문이었다. 왓슨의 정체는 IBM이 만든 인공지능이었다. 왓슨은 슈퍼컴퓨터 '블루진'을 이용한다. 3.5GHz로 작동하는 CPU 2880개, 메모리 16TB^{테라바이트, 1000GB}가 장착된 강력한 컴퓨터다. 여기에는 인터넷 백과사전인 위키피디아 전체를 비롯해 모두 2억 쪽 가량의 자료가 들어 있다. 왓슨은 초당 500GB의 자료를 처리하며 문제에 대한 답을 찾는다. 단순히 많은 자료

를 빨리 처리할 수 있다고 이길 수 있는 건 아니다. 때로는 비유적인 표현까지 쓰는 문제를 정확히 이해해야 한다. 정답을 틀리면 그에 해당하는 금액을 잃기 때문에 다음 문제를 고르는 전략도 필요하다.

　문제를 이해하는 능력에서 왓슨은 사람에게 밀린다. 특히 문제가 짧을수록 어렵다. 하지만 정보를 기억하는 양이나 처리하는 속도는 사람과 비교할 수 없을 정도로 빠르다. 엄청난 처리 속도로 단점을 극복하는 것이다. 이처럼 사람이 전통적으로 강세를 보이던 분야에서 컴퓨터에 따라잡히는 경우는 이전에도 있었다. 1997년 IBM이 만든 체스컴퓨터 '딥블루'는 당시 세계 챔피언이었던 게리 카스파로프와 대결해서 이겼다.

　그러나 왓슨이나 딥블루를 진정한 인공지능이라고 부르기는 어렵다. 딥블루는 사람이 설계한 방법에 따라 체스를 둘 뿐이며, 왓슨도 마찬가지다. 이들은 정해진 대로 작동해 빠른 속도로 결과를 내놓지만, 자기가 뭘 하는지는 이해하지 못한다. 아무리 사람보다 뛰어나 보여도 결국은 계산만 엄청나게 빠른 기계일 뿐 진정으로 생각한다고 할 수는 없다. SF영화나 소설에 나오는 것처럼 사람처럼 생각하는 기계를 만들자는 생각은 컴퓨터가 처음 태어나던 시절부터 있었지만, 아직 그 바람은 요원한 상태다.

🔵 사람처럼 대답하면 인공지능일까? * 1930~1940년대 컴퓨터

의 발판을 닦은 과학자들은 사람의 뇌에 관심을 뒀다. 컴퓨터과학의 아버지로 불리는 영국의 수학자 앨런 튜링은 1950년에 '계산하는 기계와 지성'이라는 논문을 발표하고, 기계가 생각할 수 있는 가능성에 대해 생각해 보자고 제안했다. 오늘날 책상 위의 데스크톱부터 슈퍼컴퓨터까지 모든 컴퓨터의 기반이 된 구조를 만든 수학자 존 폰 노이만도 마찬가지였다. 노이만은 당시의 이론을 바탕으로 뇌와 컴퓨터의 유사성과 차이점을 탐구했다. 만약 이 시기에 컴퓨터를 뇌와 비슷하게 만들기 시작했다면, 컴퓨터는 지금과 다르게 발달했을 수도 있다.

그런데, 1943년 신경생리학자 워렌 매컬럭과 월터 피츠는 '신경 활동에 내재한 논리 계산법에 대한 아이디어'라는 제목의 논문을 발표했다. 그들은 뉴런이 컴퓨터의 기본 단위인 논리 게이트와 마찬가지로 논리 계산을 할 수 있다고 주장했다. 컴퓨터는 논리 게이트 수백만 개 이상의 집합이고, 뇌는 뉴런의 집합이니 뇌 또한 컴퓨터와 다를 바 없다는 생각이었다. 당시에는 뇌를 생물학적으로 분석해 나온 증거가 없었음에도 그들은 그렇게 주장했다.

그러자 굳이 뇌와 똑같이 작동하는 기계를 만들 필요가 없어졌다. 둘 다 하는 일이 논리 계산이라면 현재 가지고 있는 컴퓨터로 뇌를 시뮬레이션하면 그만이었다. 사람은 정해진 문법 규칙을 이용해 단어를 조합하고 문장을 만들어 말을 한다. 체스를 둘 때도 규칙에 따라 여러 가지 경우의 수를 따져 보고 말을 어떻게 움직일지 결정한다. 규칙을 컴퓨터 알고리즘으로 만들면 이런 기능을 흉내 낼 수 있다. 미래에 컴퓨터가 더욱 발달하고 정교해지면 사람처럼 의식을 지닐 수 있다고 생각했던 것도 당연했다.

영국의 수학자이자 컴퓨터과학의 선구자 튜링은 1950년, 사람처럼 의식을 가진 컴퓨터를 구별해 내는 방법으로 '튜링 테스트'를 제안하기도 했다. 튜링 테스트는 사람이 상대가 컴퓨터인지 사람인지를 모르는 상태에

컴퓨터과학의 아버지라 부르는 영국의 수학자 앨런 튜링.

서 대화를 나누는 방식이다. 그 결과 컴퓨터가 사람과 구분할 수 없는 수준의 반응을 보인다면 그 컴퓨터는 사람처럼 생각할 수 있다고 인정해야 한다는 것이다. 튜링 테스트에 따르면 보이지 않는 곳에서 어떤 일이 벌어지든 겉으로 드러나는 모습만 사람 같으면 된다.

1950~1970년대에는 인공지능 연구가 활발했다. 언젠가는 튜링 테스트를 통과할 수 있다는 기대도 컸다. 상대적으로 뇌의 신경망을 모방해 인공 뇌를 만드는 연구에는 소홀했다. 그런데 성과는 별로 좋지 않았다. 지금까지도 튜링 테스트를 통과하는 데 성공한 인공지능은 전혀 없다. 때때로 사람을 속여 넘기는 경우는 있었지만, 아무도 그게 제대로 된 인공지능이라고 생각하지 않았다.

인공지능 연구에 대한 기대가 시들해지자 초기 컴퓨터과학자들이 관심을 뒀던 인공신경망이 대안으로 떠올랐다. 인공신경망은 뇌의 구조와 기능을 단순화된 형태로 구현한 모델이다. 그런데 그동안 발달한 생물학 지식은 뉴런이 인공신경망의 소자와는 비교할 수 없을 정도로 복잡하다는 사실을 일깨워줬다. 시냅스는 단순히 전기가 통하는지 안 통하는지가 중요한 회로 접합부와 다르며, 뉴런에서 나오는 신경전달물질과 반응의 양상도 놀라울 정도로 다양했다. 1940년대 뉴런도 논리 계산을 할 뿐이라고 주장했던 이들이 틀렸던 것이다.

"인공신경망은 뇌의 신경회로를 단순화해 공학적으로 구현한 모델로

사람은 개와 고양이가 뒤섞인 사진을 보고 둘을 구분하는 데 불과 수백ms밖에 걸리지 않는다. 뉴런의 신호 전달 속도를 고려하면 수십 단계, 컴퓨터로 치면 수십 개의 명령어로 구분을 끝내는 셈이다. 컴퓨터로는 몇 십 단계만에 이런 작업을 하는 게 불가능하다. 따라서 과학자들은 뇌가 컴퓨터와 전혀 다르게 작동한다고 추측한다.

실제 뇌와는 기능이 다릅니다. 너무 단순하고 인공적이라 실제와는 거리가 멀죠. 다만, 알고리듬 측면에서 활용할 여지는 많아서 공학에서 최적화 문제를 해결하는 데 많이 씁니다."

포스텍 물리학과 김승환 교수는 인공신경망을 실제 뇌에 비교할 수는 없다고 설명했다. 인공신경망도 이런 한계 때문에 주식 시장 예측이나 얼굴을 확인하는 등의 한정된 영역에 머물렀다. KAIST 전기 및 전자공학과 김대식 교수는 "결국은 인공지능과 인공신경망 두 접근 방식이 다 실패한 셈"이라며 "현재는 지금까지의 연구를 다 정리하고 처음부터 다시 시작하는 분위기"라고 밝혔다.

● **답은 뇌밖에 없다** ＊ 지금까지의 실패를 딛고 다시 시작하기 위해 택한 방법이 인공뇌다. 진짜 뇌의 회로망을 분석해 똑같이 만들겠다는 것이다. 사실 뇌는 불완전한 존재다. 속도도 느리고 기억력도 뛰어나지 않다. 툭하면 기억을 왜곡하기도 한다. 컴퓨터는 빠르고 정확해 그럴 걱정이 없다. 그럼에도 뇌를 똑같이 흉내 내야 하는 건 사람의 지능이 뇌와 뗄 수 없는 관계기 때문이다.

"초창기에 인공지능을 연구하던 과학자들은 사람이 어려워하는 문제를 컴퓨터가 풀게 했습니다. 수학과 체스죠. 그런데 쉽게 생각했던 언어처리에서 막혀버렸습니다. 아직도 풀지 못하고 있어요. 뭐가 쉽고 뭐가

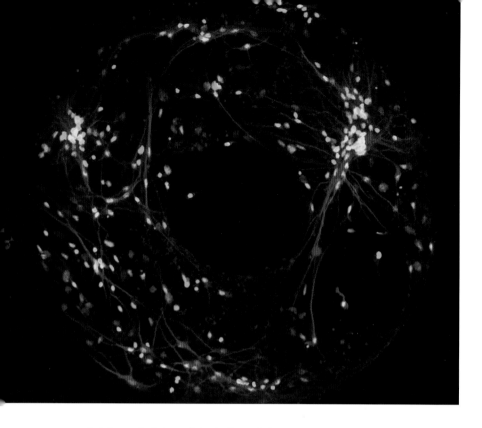

고리 모양의 틀에서 배양한 뉴런의 모습. 뉴런의 활동과 핵의 모습을 합성한 사진이다.

어려운 문제인지를 처음에 잘못 생각했던 겁니다."

김대식 교수는 걷는 동작을 예로 들어 설명했다. 사람은 의식조차 하지 않을 정도로 쉽게 걷는다. 그래서 걷는 게 쉽다고 생각한다. 그 이유는 수억 년의 진화 과정을 통해서 이미 해결한 문제이기 때문이다. 컴퓨터는 잘 못하고 뇌는 잘하는 패턴 인식도 마찬가지다. 어린아이에게 강아지 사진, 강아지 동영상, 강아지 그림을 보여주면 금방 모두 강아지라고 알아본다. 그러나 컴퓨터는 이게 어렵다. 강아지 사진과 강아지 그림을 픽셀 정보로 보면 공통점이 없기 때문이다. 규칙과 기호를 가지고 가르쳐줄 수는 있다. 그래도 겨우 강아지만 구분할 뿐 다른 동물은 여전히 구분하지 못한다.

그래서 최근에는 쉬운 문제와 어려운 문제를 다시 분류하고 있다. 사람이 느끼는 정도가 아니라 정보이론을 바탕으로 판단한다. 새로운 기준에 따르면 수학과 체스는 입력신호의 조합에 한계가 있기 때문에 쉬운 문제다. 규칙과 기호를 통해 문제를 규정할 수 있기 때문이다. 컴퓨터가 잘하는 분야다. 반면에 사람이 잘하는 패턴 인식은 입력 신호가 너무 복잡해서 어려운 문제다. 규칙과 기호로 표현이 안 돼 컴퓨터로 처리하기 어렵다.

뇌는 오랜 세월에 걸쳐 어려운 문제에 맞게 진화한 하드웨어다. 따라서 우리는 쉽다고 느끼지만 사실은 어려운 문제를 풀려면 뇌와 같은 하드웨어, 즉 인공뇌를 만들어야 한다.

○ **인공뇌를 만드는 세 가지 방법** * 인공뇌를 만들려면 먼저 우리 뇌에서 일어나는 일을 최대한 정확히 알아야 한다. 두개골 속, 2L가 채 안 되는 공간에 자리 잡은 뇌에는 뉴런신경세포이 1000억 개 정도 있다. 뉴런은 크게 세포체와 수상돌기, 축색돌기로 나뉜다. 세포체는 핵이 있는 중심 부분이다. 수상돌기는 세포체를 둘러싼 나뭇가지 모양의 구조로 신호를 받아들이는 부분이다. 축색돌기는 길게 뻗어 나온 부분으로 신호를 보낸다. 축색돌기의 끝 부분은 다른 뉴런의 수상돌기와 인접해 있다. 전기 신호가 여기에 도착하면 신경전달물질이 나오면서 화학 신호로 바뀌고 수상돌기에서 이를 받아들인다. 이 구조가 시냅스다.

뉴런 하나가 만드는 시냅스는 수천에서 1만 개에 달한다. 뉴런 하나가 신호를 보내면 최대 1만 개의 다른 뉴런이 받는다. 신호를 받은 뉴런은 또 제각기 1만 개의 다른 뉴런에 신호를 보낸다. 이 과정이 몇 번 계속되면 신호는 너무 복잡해서 분석하기 어려운 패턴이 된다. 뉴런 하나하나의 처리 속도가 컴퓨터보다 훨씬 느려도 뛰어난 성능을 발휘할 수 있는 이유다.

게다가 뉴런과 시냅스는 살아 있는 동안 끊임없이 변한다. 뉴런이 신호를 전달하는 반응 역시 놀라울 정도로 다양하다. 뉴런이 만드는 신호는 컴퓨터에서처럼 단순히 0과 1로 해석할 수 없다. 그래서 인공뇌를 만드는 건 물론 뇌의 작동 원리를 이해하기도 어렵다.

그러나 과학자들은 여러 가지 방법으로 뇌를 흉내 내려 한다. 먼저 뇌세포를 배양해 뇌의 원리를 파헤치면서 뇌를 만들어보는 방법이 있다. 과학자들은 뉴런을 떼어 내 시험관에서 배양하는 방법을 쓴다. 알츠하이머나 파킨슨병과 같은 뇌질환을 연구하는 데 중요한 기술이다.

2011년 10월 일본 도쿄 대학교와 과학기술진흥기구 연구팀은 '극소형 화학·생명과학 분석시스템 국제학술회의'에서 작은 판에 뉴런 하나를 붙인 뒤 뉴런의 축색돌기가 원하는 방향으로 자라도록 제어하는 기술을 개발했다고 발표하기도 했다. 이 뉴런은 신경망을 이루는 한 단위로, 이를 조립해 원하는 구조의 신경망을 만들 수 있다. 앞으로 이 기술이 확장되면 뇌와 비슷한 구조를 만들 수도 있다.

뉴런을 배양해 뇌와 같은 기능을 하는 인공 뇌를 만드는 실험도 있다. 2011년 5월 헨리 주랑 교수가 이끄는 미국 피츠버그 대학교 연구팀은 쥐의 뇌세포를 배양해 12초 동안 기억하는 인공 뇌를 만드는 데 성공했다고 발표했다. 쥐의 해마에서 뇌세포를 떼어 만든 것이다. 해마는 새로운 기억을 형성하거나 시간과 장소를 기억하는 데 중요한 역할을 하는 뇌의 부위다. 연구팀이 만든 고리 모양의 인공 뇌는 전기 신호를 전달할 수 있을 뿐만 아니라 꾸준히 활동하는 상태를 유지할 수 있다. 뇌가 기억하는 현상과 비슷하다.

이들은 먼저 두께 60~70μm^{마이크로미터. 100만 분의 1m}인 실리콘 웨이퍼로 고리를 만들었다. 여기에 접착용 단백질을 붙이고 배양한 뇌세포를 붙였다. 시간이 지나 뇌세포가 자라면서 스스로 신경망이 생겼다. 연구팀이 여기에 전기 자극을 주자 뉴런이 활성화됐고, 12초 동안 신경망이 활동했다. 뇌가 기억하는 현상과 비슷하다. 기존 연구에 비해 크게 향상된 수치다.

주랑 교수는 "이 인공 뇌가 작동하는 원리를 밝히면 기억이 분자나 세포 수준에서 어떻게 형성되는지 밝힐 수 있다"며 "우리는 한 뉴런이 억제되면 다른 뉴런들이 더 크게 활성화된다는 사실을 알아냈다"고 밝혔다. 뉴런 한두 개만 들여다봐서는 제대로 뇌를 이해할 수 없다는 뜻이다. 뉴런 하나가 자극에 어떻게 반응할지 알아도 이들이 이루는 신경망은 전

블루 브레인 프로젝트의 컴퓨터실. 슈퍼컴퓨터 블루진이 시선 방향 끝부분에 놓여 있다. 컴퓨터실의 넓이는 325m² 이고, 여기서 나오는 열은 근처 호수의 물로 식힌다.

뇌를 시뮬레이션하기 위해 신경의 활동으로 생기는 미세한 전류를 하나하나 기록한다.

혀 예상치 못한 방식으로 다르게 반응할 수 있다.

뉴런이 1000억 개나 들어 있는 사람 뇌와 비교하면 뉴런 40~60개로 만든 이 인공 뇌는 벌레 수준에도 못 미친다. 하지만 앞으로 사람 뇌에 필적하는 인공뇌를 만들 수 있다면 우리는 아주 효율적인 컴퓨터를 얻을 수 있다. 슈퍼컴퓨터를 능가하는 능력을 지녔으면서도 밥 한 끼만 먹이면 온종일 일하고도 남는 컴퓨터. 자연이 만든 이 컴퓨터를 이해하고 따라잡기 위해 과학자들은 부단히 노력하고 있다.

◐ 슈퍼컴퓨터 안의 뇌 * 어떤 과학자들은 뇌를 실제로 만들기보다는 슈퍼컴퓨터의 막강한 계산 능력을 이용해 뇌를 시뮬레이션하려고 한다. 슈퍼컴퓨터 안에 가상의 뇌를 만드는 것이다. 미국 방위고등연구계획국DARPA이 추진하는 '시냅스SyNAPSE' 계획은 지능을 갖춘 컴퓨터를 만드는 게 목적이다. 이를 위해, IBM의 다멘드라 모다 박사가 이끄는 연구팀은 1단계에서 뇌의 원리를 모방한 칩을 개발했다. 그 과정에서 슈퍼컴퓨터로 뇌를 시뮬레이션했다.

이들이 이용한 슈퍼컴퓨터는 IBM의 '블루진'으로, 14만 개 이상의 CPU와 144TB의 메모리를 갖췄다. 2009년 IBM은 뇌를 시뮬레이션한 모델 두 가지를 발표했다. 하나는 뉴런 16억 개와 시냅스 8조 8000억 개 규모이며, 다른 하나는 뉴런 9억 개와 시냅스 9조 개 규모다. 고양이의 대뇌 피질과 맞먹는다.

그러나 이 결과를 비판하는 사람이 있다. 인공뇌를 연구하는 또 다른 과학자인 스위스 로잔공대 뇌정신연구소 헨리 마크람 소장이다. 마크람 박사는 IBM의 발표 직후 공개서한을 통해 "모다 박사의 발표는 사기"
라고 주장했다. 그는 "모다 박사가 시뮬레이션한 뉴런은 이온채널과 같
은 세부 사항이 빠져 있는 가장 단순한 모형이며 슈퍼컴퓨터만 있다면
전혀 어렵지 않은 작업"이라고 썼다. 또한, 모다 박사가 언급한 뇌 역공
학뇌의 구조를 분석해 원리를 발견하는 과정의 증거가 전혀 없다며 뇌 분석 자료를 어디
서 얻었는지를 확인해야 한다고도 지적했다.

이에 대해 IBM은 "모다 박사의 연구가 뇌의 인지 능력을 모델로 삼
아 오늘날의 슈퍼컴퓨터보다 훨씬 효율적인 컴퓨터를 만들 가능성을 제
시했으며 과학계에서도 긍정적인 반응을 이끌어 냈다"고 반박했다.

이 논란은 라이벌 과학자가 경쟁 연구에 대해 가한 비판이라는 점에
서 더욱 흥미롭다. 마크람 박사는 슈퍼컴퓨터로 사람의 뇌를 만드는 게
목적인 '블루 브레인 프로젝트'의 책임자다. 재미있게도 블루 브레인도
IBM의 블루진 슈퍼컴퓨터를 이용한다. 마크람 박사는 사람의 뇌를 세
포 하나씩 만들어나가는 방법으로 슈퍼컴퓨터 안에 인공뇌를 가상으로
구현할 계획이다.

연구를 시작한 2005년에는 가장 기본이 되는 뉴런 하나를 만들었다.
수상돌기에서 신호를 받아 전달하는 기능을 하는 뉴런 하나는 비교적
프로그램으로 구현하기 쉽다. 그러나 뉴런의 개수가 늘어나면 급격히

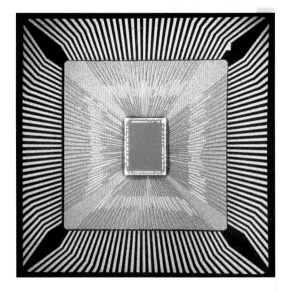

IBM이 개발한 뉴런 칩의 모
습. IBM은 학습용 시냅스를
이용해 뇌가 학습하는 원리
를 구현했다고 발표했다.

복잡해진다. 연구팀은 같은 해 뉴런을 하나
더 추가한 뒤 뉴런 2개가 신호를 주고받는 과
정까지 마쳤다.

2008년에는 뉴런 1만 개로 이뤄진 쥐의 대
뇌 신피질 한 부분을 만드는 데 성공했다. 실
제 뇌에서 사고 활동의 가장 기본적인 단위
다. 2011년에는 이런 부분 100개에 해당하는
뉴런 100만 개로 이뤄진 회로를 구현하는 데
성공했다. 2014년에는 뉴런을 1억 개까지 늘
려 쥐의 뇌 전체를 시뮬레이션할 계획이다.

연구팀은 2011년부터 본격적으로 사람의

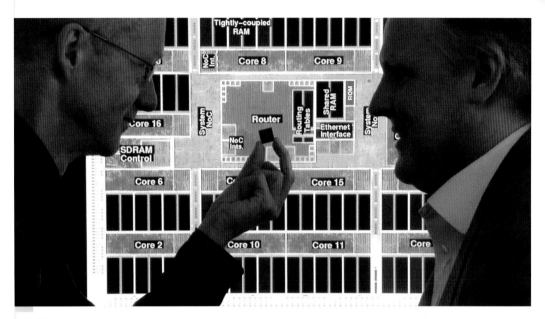

스핀네이커 칩의 구조가 나타난 화면 앞에서 연구자들이 칩을 들어 보이고 있다. 스핀네이커 칩은 에너지 소모가 적은 마이크로프로세서를 병렬로 배치해 에너지를 적게 쓰고 뇌를 시뮬레이션한다.

뇌를 연구하기 시작했다. 사람의 뇌는 뉴런이 1000억 개로 쥐의 1000배 수준이다. 2023년까지 사람 뇌를 시뮬레이션하는 게 최종 목표다. 마크람 교수는 지금까지의 연구 결과를 토대로 '휴먼 브레인 프로젝트'를 만들었다. 완전한 뇌를 만들어 신경과학, 의학, 인지과학, 뇌 인터페이스 같은 다양한 분야를 아우르겠다는 야심찬 계획이다.

세계 최고의 슈퍼컴퓨터인 일본 이화학연구소의 K컴퓨터의 주요 용도 중 하나도 뇌 시뮬레이션이다. 가장 빠른 속도를 이용해 현재 알고 있는 뇌에 대한 지식을 총동원하겠다는 것이다. 일본 이화학연구소 연구팀은 2011년 기존의 해부학과 전자생리학 연구 자료를 바탕으로 시각피질 회로를 본떠 만든 연구 결과를 논문으로 발표했다.

슈퍼컴퓨터 안에 가상의 뇌, 즉 인공 뇌를 만들면 여러 가지 응용이 가능해진다. 마크람 박사는 "새로운 신경전달 물질이나 의약품이 뇌에 어떤 영향을 끼치는지 동물을 희생시키지 않고도 연구할 수 있고, 뛰어난 인공지능도 개발할 수 있다"고 말했다.

◉ **금속으로 만든 뇌** ＊ 미국의 SF작가 아이작 아시모프의 '로봇' 시리즈를 보면 '양전자 뇌'가 등장한다. 설정에 따르면 양전자 뇌는 백금

과 이리듐, 양전자전자의 반물질로 만든 인공뇌다. 소설 속의 양전자 뇌처럼 아예 새로운 하드웨어로 인공뇌를 만드는 계획을 추진하는 과학자도 있다. 강력한 슈퍼컴퓨터로 뇌를 시뮬레이션할 수 있을지는 몰라도 에너지 효율은 아주 떨어지기 때문이다. 고작 20W로 충분히 돌아가는 뇌를 만드는 데 엄청난 전력을 먹는 슈퍼컴퓨터를 쓴다면 낭비가 아닌가.

그 중 하나가 영국 맨체스터 대학교 컴퓨터공학과 스티브 퍼버 교수가 이끄는 '스핀네이커SpiNNaker' 계획이다. 사람 뇌의 1% 정도인 10억 개의 뉴런을 시뮬레이션할 수 있는 하드웨어를 만드는 게 목표다. 퍼버 교수는 영국 ARM사가 만든 CPU인 ARM9을 이용한다. 휴대전화에 널리 쓰이던 200MHz짜리 CPU로 크기가 작고, 전력 소모가 적다.

ARM9칩 18개가 모여 스핀네이커 칩 하나를 이루며, 이 칩을 대량으로 병렬 연결해 인공 뇌를 만든다. 각 칩은 뉴런 약 2만 개를 시뮬레이션한다. 그 사이를 오가는 '패킷디지털 정보'은 뉴런이 보내는 신호를 나타내는데, 여기에는 어느 뉴런에서 나왔는지를 알려주는 정보가 들어 있다. 슈퍼컴퓨터보다 느리지만, 에너지 소모가 적고 병렬로 연결해 효율적이다.

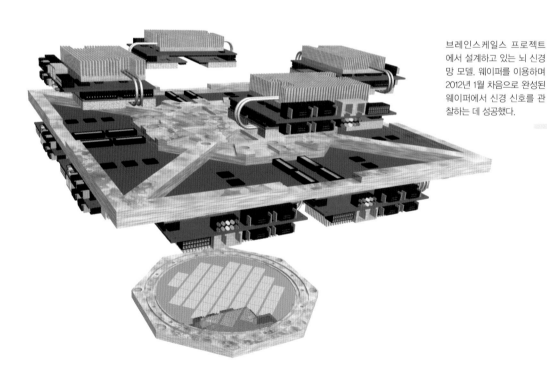

브레인스케일스 프로젝트에서 설계하고 있는 뇌 신경망 모델. 웨이퍼를 이용하며 2012년 1월 차음으로 완성된 웨이퍼에서 신경 신호를 관찰하는 데 성공했다.

스핀네이커가 뇌의 구조를 그대로 따라 하는 건 아니다. 실제 뉴런의 구조는 3차원인데, 스핀네이커 칩은 2차원 구조다. 원래대로라면 2차원 구조가 3차원 구조보다 느리지만, 반도체는 뉴런보다 전달 속도가 빨라 3차원 구조처럼 작동할 수 있다. 퍼버 교수는 "우리는 아직 뇌가 어떻게 정보를 처리하는지 확실히 알지 못한다"며 "스핀네이커가 이를 이해하는 데 큰 진전을 이룰 수 있을 것"이라고 밝혔다.

스핀네이커는 뇌를 그대로 흉내 냈다기보다는 뇌의 작동을 효율적으로 시뮬레이션하기 위해 특별히 고안한 하드웨어다. 반면, 앞서 소개한 '시냅스' 계획은 뇌와 같은 원리로 작동하고 학습할 수 있는 컴퓨터 칩을 개발하는 게 목적이다. IBM 연구팀은 슈퍼컴퓨터로 뇌의 피질을 시뮬레이션한 뒤 비슷한 원리로 작동하는 칩 두 개를 개발해 2011년 8월에 발표했다.

이 칩에는 뉴런과 시냅스 역할을 하는 회로가 들어 있다. 재료는 컴퓨터에 들어가는 칩과 같지만, 뇌와 같은 방식으로 정보를 처리할 수 있도록 배열한 것이다. 이들이 만든 칩은 두 가지로 뉴런이 256개지만, 시냅스의 종류는 다르다. 하나는 프로그램 가능한 시냅스가 26만 2144개 있고, 다른 하나는 학습용 시냅스가 6만 5536개 있다. 학습용 시냅스는 말 그대로 학습을 가능하게 한다.

인공뇌를 만드는 데 중요한 요소는 뇌가 경험을 통해 배우는 방법을 흉내 내는 일이다. 실제 뉴런은 살아 있는 동안 연결 상태가 변한다. 자주 활성화되는 시냅스는 연결이 강해지고, 안 쓰다 보면 연결이 약해지기도 한다. 우리 뇌가 학습하는 방법이다. 그러나 금속이나 반도체로 인공뇌를 만들면 회로를 마음대로 바꿀 수 없어서 이런 기능을 흉내 낼 수 없다.

IBM은 어떤 방법으로 이를 구현했는지 공개하지 않았다. 하지만 IBM의 발표 직후 영국 BBC는 런던 대학교 인지과학과 리차드 쿠퍼 교수의 말을 인용해 정보의 중요성에 따라 주의를 기울이는 정도를 다르게 하는 방식을 썼을 가능성을 제시했다. 연결을 강하게 만들거나 약하게 만드는 대신 신호가 오갈 때마다 중요성을 기억해 두는 방법이다. 그러면 중요한 신호는 강조하고 그렇지 않은 신호는 무시해 학습할 수 있다.

유럽에도 비슷한 계획이 있다. 10개국의 15개 기관이 참여하는 '브레인스케일스' 계획이다. 먼저 생체 실험으로 뇌를 연구하고, 슈퍼컴퓨터로 시뮬레이션한 뒤, 뇌와 같은 원리로 작동하는 하드웨어를 만드는 3단계로 진행된다. 이 과정에서 블루 브레인 프로젝트와도 긴밀하게 협력할 계획이다. 브레인스케일스의 하드웨어는 지름이 20cm인 실리콘 웨이퍼로 만든다. 각 웨이퍼에는 뉴런 512개에 해당하는 칩이 384개씩 들어간다. 웨이퍼 하나에 2만 개 정도의 뉴런이 들어 있는 셈이다. 브레인스케일스는 2012년 1월 처음으로 완성된 웨이퍼에서 신경 신호를 관찰하는 데 성공했다.

● 인공뇌 속에서 누리는 영원한 삶 * 뇌처럼 작동, 혹은 생각(?)
하는 인공뇌는 현대 사회에서 기하급수적으로 늘어나는 데이터를 처리하는 데 쓸 수 있다. 현재 쓰는 컴퓨터는 단순 계산에는 능하지만 방대한 데이터를 처리하기에는 비효율적이다. 그렇다고 해서 인공뇌가 컴퓨터를 완전히 대체하지는 않을 전망이다. 사람이 컴퓨터보다 산수를 못하듯이 인공뇌도 산수에는 젬병일 것이다. 빠른 계산이 필요한 분야에는 컴퓨터가, 패턴 인식처럼 사람이 잘하는 분야에서는 인공뇌가 활약하는 식으로 서로 보완할 가능성이 크다.

그런데 인공뇌가 완성된다면 그 능력은 사람의 뇌보다 뛰어날지도 모른다. 반도체 소자는 뉴런보다 처리 속도가 100만 배 이상 빠르다. 반도체로 생각할 수 있는 인공뇌를 만든다면 뇌보다 100만 배 이상 빠른 속도로 생각할 수 있다는 뜻이다. 그만큼 지식을 쌓는 속도도 빠르다. 사람이 평생 걸려도 다 못 배우는 양을 순식간에 해치울 수 있다.

기억력도 그렇다. 인공뇌의 기억 용량을 크게 설계하면 사람보다 더 많은 정보를 기억하고 더 빨리 처리할 수 있다. 학습과 훈련이 다 끝난 상태의 인공뇌를 복제할 수 있다면 뛰어난 지적 능력을 지닌 존재를 짧은 시간 안에 무수히 만들어 낼 수 있다는 소리다. 그런 수준에 이른다면 사람은 인공뇌를 어떻게 활용할까. 사람의 육체노동을 대신하는 로

봇과 다르게 정신노동을 대신하게 할지도 모른다. 물론 인공뇌가 순순히 말을 듣는다는 가정 아래서지만.

미래학자 레이 커즈와일은 저서『특이점이 온다』에서 앞으로 사람의 뇌를 스캔해 기계에 업로드하는 세상이 온다고 예측했다. 뇌 속에 나노로봇을 넣어 뉴런의 상태와 활동을 낱낱이 기록한 뒤 슈퍼컴퓨터에 전송해 시뮬레이션한다는 생각이다. 인공뇌가 완성된다면 한 사람의 뇌 정보를 인공뇌에 고스란히 전송할 수도 있을 것이다. 소프트웨어 상태로 영원불멸의 삶을 살 수 있는 것이다.

어떤 미래가 올지는 아직 불확실하다. 하지만 사람의 지능과 뇌의 비밀이 모두 풀리고 인공뇌가 완성된다면, 인류 문명의 새로운 시대가 열릴 것이 분명하다.

과 10 학

자

필자 **박건형**

성균관대학교에서 신문방송학과 화학공학을 전공했다. 2002년 《중앙일보》에서 기자 생활을 시작했으며, IT전문기자로 《디지털타임스》에도 몸담았다. 2007년부터 《서울신문》 과학전문기자, 사회부, 경제부, 미래부, 국제부 등을 거쳐 2010년 유럽순회특파원을 지냈다. 자연과학과 사회과학의 통섭에 특히 관심이 많아, '신다빈치 프로젝트', '한국의 미래', '녹색성장의 비전' 등의 장기 기획을 주도했다. '유럽의 지성을 만나다', '석학대담' 등을 통해 노벨상 수상자 및 학계 권위자와의 인터뷰를 진행하고 있다. 한국과학창의재단에서 수여하는 '2012 과학창의보도상' 과학문화 부문을 수상했다.

윤 리

과학은 '선'인가 '악'인가

'과학기술의 발전은 인류 문명의 발전으로 이어진다.'

관용어라고 해도 어색하지 않을 정도로 자주 쓰이는 말이다. 얼핏 보면 누구나 고개를 끄덕일만한 지극히 당연한 얘기 같다. 지금 우리가 살고 있는 세상의 근본적인 원동력은 과학기술이 아니었던가. 밤을 빛나게 하고 겨울을 따뜻하게 해주는 것이 누군가의 발명인 것처럼 말이다. 하지만 이 문장이 과학기술이 언제나 환영받고, '혜택'으로 이어진다는 것과 같은 의미인지는 조금 다른 각도에서 살펴볼 필요가 있다.

관찰의 핵심은 과학기술의 정체성이 어디에 있느냐에서 시작한다. '과학 그 자체'가 의미가 있을까. 아니면 과학은 '누가 쓰느냐', '어떻게 쓰느냐', '무슨 목적으로 만드느냐'에 의해 가치가 결정되는 학문일까.

산업혁명 이후 과학의 발전 속도가 이전에 비해 급격히 빨라지면서 과학이 어디까지 인류에 영향을 미칠 수 있느냐는 수많은 사람의 고민

과학의 권위를 제품 판매에 이용해 'PR의 아버지'라 불리는 에드워드 버네이스.

의 대상이었다. 과학이 언젠가 인류에 치명적인 위협을 가하거나, 멸망으로 이끌 수 있다는 우려도 끊이지 않았다. 1800년대 후반부터 1900년대 중반또는 현재에도에 걸쳐 발표된 수많은 공상과학^{SF} 소설의 분위기가 이를 입증한다. 죽은 사람을 살려낸 '프랑켄슈타인'이나 약으로 사람의 마음을 분리하려 했던 '지킬 박사와 하이드 씨' 등 SF소설의 결말은 항상 비극이었다.

'멋진 신세계' 속에서 인간은 행복해지기 위해 끊임없이 '소마'라는 약을 먹어야 하는 존재로 묘사됐고, '1984'는 모두가 항상 감시당하는 끔찍한 미래상을 그렸다. 작가들의 상상력 속에서 과학기술의 발전은 언젠가 사람을 사람답게 하는 '인간성'을 빼앗아갈 적으로 나타났다.

그렇다면 그들이 상상했던 미래에 살고 있는 우리는 현재 과학과 어떤 관계를 맺고 있는가. '소마'는 우울증 치료제 '프로작'으로 태어났고, '1984' 속 세상은 범람하는 폐쇄회로TV로 어느 정도 현실화됐다. 하지만 우리는 여전히 존엄한 인간성을 갖고 있고, 과학의 지배를 받지도 않는다. 이는 일부 과학자들이 꿈꿔봤을 만한 '인류 멸망'이나 '세계 정복'이 아직 성공하지 못했기 때문일 수도 있고, 과학이 윤리의 영역을 완전히 무시하지 않는 한에서 발전해왔기 때문일 수도 있다. 과학이 걸어온 길을 살펴보면 인류가 과학을 경계해야 하는 것은 그 자체가 '선' 또는 '악'이기 때문이 아니라 결국 그 쓰임새라는 점이 명확해진다.

⬤ 과학에 탈을 씌운 버네이스 ＊ 1891년 오스트리아 빈에서 과학자는 아니지만 과학의 역할을 결정지을 만한 에드워드 버네이스가 태어났다. 버네이스의 아버지 일라이는 부유한 곡물상이었고 어머니 안나는 '꿈의 해석'으로 유명한 정신분석학자 지그문트 프로이트의 여동생이었다. 버네이스는 미국으로 건너가 코넬 대학교에서 농학을 전공했다. 버네이스가 처음으로 가진 직업은 곡물 유통업이었지만 곧 친구의 의학 잡지사로 자리를 옮겨 기자로 일했다. 제1차 세계대전 때는 연방공보위원회에서 독일에 맞선 전쟁의 당위성을 세계에 알리는 선전 전문가로 이름을 날렸다. 전후 본격적으로 홍보업에 뛰어든 버네이스는 광고판과

신문광고만이 전부이던 홍보시장에 외삼촌인 프로이트의 정신분석학을 접목했다. 그로 인해 PR은 과학을 표방한 산업이 됐고 버네이스는 'PR의 아버지'로 불린다. 그의 저서 『프로파간다』는 오늘날까지 신문방송학과 광고홍보학을 배우는 사

에드워드 버네이스가 지은 『프로파간다』(왼쪽). 베이컨을 미국인의 아침 식탁의 대표 음식으로 자리 잡는 데 결정적인 기여를 한 것이 에드워드 버네이스였다(오른쪽).

람들의 필독서로 자리매김하고 있다. 그런데 왜 과학과 윤리를 논하면서 버네이스가 등장한 것일까.

인류 역사상 그 어떤 과학자도 버네이스보다 '과학'을 잘 이용한 사람은 없었다. 다만 버네이스는 과학을 순수한 목적이 아닌 대중을 유혹하는 '미끼'로 사용했다. 과학과 대중의 관계는 버네이스 이전과 이후로 나뉜다고 해도 과언이 아니다. 대표적인 사례가 베이컨이다. 20세기 초만 해도 베이컨은 미국인들조차 낯선 음식이었다. 베이컨 회사와 농장주들은 베이컨 소비량을 늘리기 위해 버네이스에게 홍보를 의뢰했다. 버네이스는 광고를 쏟아붓는 대신 다른 접근법을 택했다. 바로 '권위와 과학'을 끌어들인 것이다. 곧이어 미국에서는 하루 중 아침식사가 중요하다는 주장을 펼치는 의사들과 베이컨의 단백질이 인체에 도움이 된다고 말하는 의사들이 등장하기 시작했다. 식품영양학과 의학으로 무장한 전문가들 앞에서 미국인의 식탁은 빠르게 변해가기 시작했고, 결국 베이컨은 미국의 아침 식탁을 대표하는 위치를 차지했다. 결과론적인 얘기지만 아침 메뉴가 꼭 베이컨이었어야 할 필요는 없었고 베이컨의 지방은 오히려 성인병의 원인이 된다는 것이 오늘날의 정설이다. 단지 버네이스가 베이컨을 택했고 의사들이 베이컨이 좋다고 했기 때문에 성공한 것이다. 현대에 와서 버네이스가 만들어낸 과학적 홍보는 더욱 강력해졌고 비뚤어지고 있다. 이른바 '과학의 탈을 쓴 광고'와 '과학을 가장한 거짓 논리'가 등장한 것이다.

버네이스는 역사 속 인물이 아니다. 반세기가 훌쩍 넘었지만 우리는 여전히 버네이스가 만들어낸 시대에 살고 있다. 최첨단 과학집단으로 인식되는 제약회사들은 버네이스의 전략을 가장 효과적으로 이용하는 집단이다. 각종 의학저널이나 잡지에는 제약회사들이 어떻게 과학을 홍보에 이용하는지에 대한 폭로가 끊이지 않는다. 제약회사는 흔히 의사들을 뽑아 사전 제품 개발과 사후 마케팅으로 나눠 투입한다. 미국 식품의약품안전청FDA에서 승인을 받기 위해 연구와 개발, 임상을 담당하는 의사들이 있다면 승인이 난 후에 홍보와 마케팅을 위해 활용되는 의사들도 있다. 이를 반세기 전과 비교하면 베이컨의 우수성을 얘기하던 의사들이 이제는 자기가 몸담고 있는 제약회사 약품의 우수성을 홍보하는 쪽으로 역할이 바뀌었을 뿐이다. 문제는 이 과정에서 '사실'이 아닌 '만들어진 논리'가 개입하는 경우가 흔하다는 점이다.

예를 들어 전체 환자에게는 큰 의미가 없더라도 20대 초반의 여성에게서 다른 계층보다 조금이라도 효과가 높게 나타난다면 그 약품은 '20대 초반 여성을 위한 약품'이 된다. 또 제약회사들은 부정적인 결과를 생략하고 위험한 부작용은 축소하는 것을 철칙으로 여긴다. 그렇다면 왜 제약회사들은 이 같은 방법을 사용하는 것일까. 하나의 약을 개발하기 위해서 제약사들이 투자하는 돈은 최소 수백만 달러에서 수천만 달러에 이른다. 신약 후보물질 중 최종 약품으로 살아남는 것은 10~20% 수준에 불과하다. 아무리 많은 돈이 투입됐어도 치명적인 부작용을 숨

최첨단 과학집단으로 인식되는 제약회사들은 버네이스의 전략을 가장 효과적으로 이용하는 집단이다.

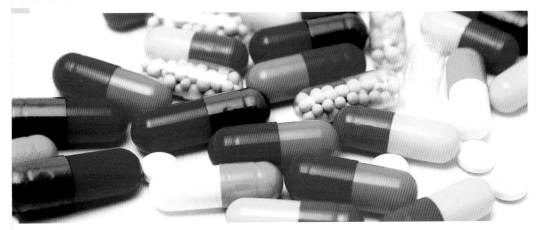

길 수는 없다. 만약 약이 환자의 직접적인 사망 원인이 된다면, 제약회
사는 매번 문을 닫아야 할테니 말이다. 이런 상황에서 우여곡절 끝에 개
발된 약에 대한 특허권은 10년 안팎에 불과하고 이 시간 동안 제약회사
들은 투자금을 최대한 회수해야만 한다. 다시 말해 '가장 빠른 시간에
가장 많이 팔기 위해' 과학을 이용하는 것이다.

◎ 새로운 시장까지 만들어주는 과학 ✳ 버네이스의 이론은 새로
운 시장을 만들어내는 데도 폭넓게 사용된다. 버네이스는 1930년대 여
성인권 운동에 앞장섰다. 계기는 여성의 흡연권이었다. 담배를 피우는
여성들의 거리행진을 부추겼고, 담배를 피우는 여성들이 앞서가는 여성
이라고 신문과 잡지, 포스터에 실었다. 버네이스는 여성인권 운동의 선
두주자로 추앙받았지만 실제로 버네이스의 뒤에는 담배회사들이 있었
다. 버네이스는 정체기에 접어든 담배 판매를 획기적으로 늘리기 위해
여성이라는 새로운 시장을 창출했을 뿐이다. 담배를 한번 피우기 시작
하면 장기 소비자가 될 가능성이 높아지는 것처럼 오늘날 과학자를 가
장한 의사와 이들을 고용한 제약회사들은 '약의 성능'을 과장해 충성도
가 높은 소비자를 모은다. 의사들은 당뇨나 고혈압처럼 평생 동안 약을

버네이스는 담배 판매를 획
기적으로 늘리기 위해 여성
이라는 새로운 시장을 개척
했다.

복용하는 환자들을 대상으로 유독 적극적인 마케팅에 나선다. "이 약이 더 효과가 좋습니다. 바꾸시죠."라는 의사의 권유를 뿌리칠 수 있는 환자가 몇이나 되겠는가.

지난 몇 년간 'A1CHIEVE'라는 이름으로 진행된 인슐린 연구에는 21개국에서 6만 7000명의 임상실험자들이 등록했고, 비용은 모두 다국적기업 노보노르딕에서 부담했다. 임상실험에 참가한 사람들은 환자 개개인에게 맞춤형으로 가공된 인슐린 유사체에 깊은 신뢰를 갖게 됐고 약이 출시되면 평생 고객이 될 것이다. 새로운 환자를 찾아 기존의 약과 어떻게 다른지를 일일이 설명하는 것보다 훨씬 효과적인 마케팅 방법인 셈이다. 의사들은 '과학적 근거'라고 주장하지만 과학자들은 이를 '과학'이라고 인정하지 않는다. 영국 브리스톨 대학교 에드윈 게일 교수는 네이처와의 인터뷰에서 "임상시험에 참여한 사람들은 약이 저혈당을 만들 수 있거나, 기존 약품보다 훨씬 더 많이 투약해야 한다는 사실 등 약리학적인 내용은 모르고 약이 효과가 있다는 의사와 제약사의 말만 믿게 된다"면서 "이것은 과학이라고 할 수 없다"고 잘라 말했다.

⬤ **'나쁜 과학'** ＊ 과학이 이 같은 오명을 가만히 앉아서 뒤집어쓰는 것은 아니다. 2000년대 이후 버네이스의 '과학 팔기'에 적극적으로 대항하는 과학자들이 여럿 등장했다. 과학을 빙자한 건강이나 의료상품에 대한 고발 프로그램이 전세계 어느 곳에서나 방영되고 있는 것이 이를 입증한다. '과학적 효과'를 주장하면 이를 그대로 믿는 대신 '정말 그럴까'라고 도전하는 과학자들의 출현이다.

영국의 신경정신과 전문의 출신의 과학칼럼니스트인 벤 골드에이커는 대표적인 '과학의 수호자'다. 그는 사이비 약품이나 근거 없는 식이요법, 제약회사는 물론 이들의 주장을 그대로 퍼 나르는 언론을 '과학적 근거'를 앞세워 철저히 깨부순다. 골드에이커의 모든 저술은 "사람이 합리적으로 사고하고 행동하는 것 같지만 실제로 그렇지 않은 경우가 많다"는 전제를 깔고 있다. 골드에이커가 인기리에 연재했던 칼럼은 『배드 사이언스』라는 제목의 책으로 출간돼 수년간 베스트셀러 자리를 지키고 있다. 골드에이커는 한국에도 수입돼 TV홈쇼핑과 인터넷쇼핑몰에서 폭발적인 인기를 누렸던 '독소제거 족욕기'가 사기 제품이라는 사실을 칼럼에서 고발하기도 했고, 독성을 제거해 준다는 디톡스 상품 '이어캔들'의 문제점도 밝혀냈다. 제품을 구매한 사람 입장에서는 '헛돈'을 썼다는 사실을 인정하기 쉽지 않겠지만, 골드에이커는 '효과'라며 설명서에 적혀있는 '과학적 근거'들이 실제로는 전혀 과학적이지 않다는 사실을 신랄하게 파헤쳤다. 특히 골드에이커는 초등학생이나 중학생조차 할 수 있는 실험을 통해 상품 판매자들이 주장하는 '최첨단 과학'의 허울을 여과 없이 보여주는 접근법을 선보였다. "이런 과학법칙에 따르면 이 상품은 효과가 없다"고 설득하는 것보다 "이런 어처구니없는 사기에 속았다"는 충격요법이 훨씬 효과적이라는 판단 때문이다.

개틀링 기관총을 개발한 리처드 개틀링.

물론 사기를 칠 생각이 아니었지만, 잘못된 연구결과 때문에 과학이 대중에게 피해를 입히는 경우도 많다. 노벨상을 두 차례나 수상한 화학자 라이너스 폴링은 '비타민C 신봉자'로 유명하다. 1973년 직접 연구소를 차려 비타민C를 연구한 폴링은 '비타민C 과다섭취' 요법을 제안했다. 많이 먹으면 먹을수록 건강해진다는 것이었고, 항암효과가 뛰어나며 필요량의 수백 배를 섭취하면 20년에 이르는 경이적인 수명 연장이 이뤄진다는 주장도 내놓았다. 하지만 오늘날 이 같은 비타민C 과다섭취는 아무런 의학적 효과가 없다는 사실이 드러나고 있다. '의도하지 않은' 과학적 믿음이 수많은 사람들의 불필요한 비타민C 구매 및 섭취로 이어진 것이다. 거기에 '노벨상 수상자'라는 명성이 크게 역할을 했다는 점은 두말할 필요조차 없는 얘기다.

1분에 400발을 쏠 수 있는 개틀링 기관총. 전쟁에 투입되는 인원을 줄이고 전쟁을 빨리 끝낼 수 있어 평화적인 무기라는 잘못된 믿음을 줬다.

◉ '더 나쁜 과학' ✳ 지금까지 언급한 사례들은 단순히 돈을 많이 벌기 위해서 '과학을 이용'하는데 관한 얘기였다. 하지만 과학과 윤리의 경계에 대한 진지한 고민은 이제부터다. 바로 '과학을 어디까지

용인할 것인가'에 대한 문제다. 간단히 말하자면 현재의 과학계는 이론적으로 사람을 복제하고, 기형을 만들어낼 수 있는 수준에 이르렀다. 하지만 이를 실제로 만들 것인지는 별도의 판단이 필요하다. 윤리적 판단을 무시하거나 '과학적 연구'에 정치권이나 일부 세력의 의도가 개입되면 과학은 실제로 인류를 멸망시킬 수 있는 위력을 가질 수 있다. 이른바 '워 사이언티스트'로 불리는 과학자들이 대표적인 사례다.

동물을 상대로 사냥을 하던 인류는 칼과 창, 활을 만들기 시작했고 전쟁을 벌이면서 무기는 더 위력적으로 변해갔다. 무기 발전의 원동력은 당연히 과학기술이다. 철기를 만들기 위한 기술도, 제련 기술도 모두 그 시대의 과학자들의 몫이었다. 오늘날에도 무기 개발만큼 과학과 윤리가 첨예하게 대립하는 분야는 없다. '상대방을 더 많이 죽여야 우리가 산다'는 명제는 집단이나 국가 단위에서는 반박하기 힘든 절대적인 의미이기 때문이다. 이로 인해 무기를 개발한 과학자는 우리 편에는 영웅이지만, 상대편의 입장에서는 '대량 살상자'일 수밖에 없다.

미국의 데이비드 부시넬은 1772년 교내 연못에 폭탄을 설치하고 수중에서도 터질 수 있다는 사실을 발견했다. 그는 여기서 멈추지 않고 폭탄을 배 밑바닥에 설치할 수 있는 방법을 찾아내기도 했다. 독립전쟁이 터지자 개인적인 호기심이었던 부시넬의 연구는 본격적으로 무기 개발에 활용되기 시작했다. 부시넬이 만든 잠수함 폭탄은 실제 전쟁에서는 불발탄에 그쳤지만 오늘날 그의 상상은 치명적인 무기로 발전했다.

부시넬과 달리 독일의 프리츠 하버는 '살상용 무기' 개발을 애초부터 목표로 삼았다. 그가 만든 독가스는 제1차 세계대전 중 연합군에 살포돼 수많은 인명을 앗아갔고 하버는 이를 자랑스러워했다. 심지어 아우슈비츠에서도 유대 인 학살에 사용됐다. 부시넬의 호기심과 하버의 의도적 연구는 결국 '무기'라는 범주에서는 같은 결과물이지만, 두 과학자를 동등한 기준에서 평가할 수 있는지에 대해서는 논란의 여지가 있다. 하지만 이를 무 자르듯이 결정지을 수 없는 것이 과학 윤리의 한계다.

예를 들어 리처드 개틀링은 1분에 400발을 쏠 수 있는 개틀링 기관총을 만들었지만, 전쟁에 투입되는 인원을 줄이고 전쟁을 빨리 끝낼 수 있어 평화를 위한 무기라고 믿었다. 미국의 로버트 오펜하이머는 원자폭탄 개발을 주도했고, 최초의 원폭 실험을 끝낸 뒤에는 '이제 나는 세계의 파괴자, 죽음의 신이 됐다'는 말을 남겼다. 그는 원자폭탄의 위력을 알고 있었지만 전쟁을 빨리 끝내는 결정적인 역할을 할 수 있다는 '개틀링식 논리'를 앞세워 원자폭탄 투하 결정에도 영향을 미쳤다. 그러나 오펜하이머는 원자폭탄의 위력을 본 뒤 정작 후속모델인 수소폭탄 개발은 반대했다. 본인이 만들어낸 끔찍한 결과를 후회했던 것이다.

인류 발전에 공헌하고도 괴로워한 '불쌍한 과학자'도 있다. 러시아 과학자 이고리 시코르스키는 비행기에 비해 훨씬 손쉽게 수송이 가능하도록 헬리콥터를 만들었지만, 1960년대 무장 헬리콥터가 등장하자 이를 평생 가슴아파했다. 이밖에 무기를 만들기 위해 개발된 기술이 인류 발전에 공헌한 사례는 일일이 열거할 수 없을 정도로 많다. 원거리에 있는 적을 공격하기 위해 만들어진 로켓 기술은 우주시대를 열었다. 밤낚시에 쓰이는 케미컬 라이트, 스프레이식 살충제, 트랜지스터 라디오, 심지어 볼펜이나 통조림 역시 전쟁을 위한 목적으로 개발됐다.

◐ **여전히 진행 중인 과학과 윤리의 전쟁** ✳ 과학의 위험성은 꼭 무기에서 시작되는 것은 아니다. 원자력발전은 값싼 전기의 공급이라는 혁신을 이뤘지만 체르노빌이나 후쿠시마에서 볼 수 있듯이 한순간의 방심이 죽음의 땅을 만들어낸다. 푸른곰팡이에서 발견된 항생제는 수많은 생명을 구했지만, 내성균의 등장으로 더 강력한 세균을 탄생시켰다. 매독이 인류를 멸망시킬 수는 없겠지만, 언제가 탄생할 수 있는 내성균은 가능하다. 이는 과학은 항상 위험을 내포할 수밖에 없는 학문이 됐다는 뜻이기도 하다. 2011년과 2012년에 걸쳐 전 세계 과학계를 뜨겁게 달군 '실험실의 바이러스' 논란은 이 같은 현상이 항상 우리를 둘러싸고 있다는 사실을 보여준다. 지켜보는 사람들조차도 '진리 탐구를 위한 열정'과 '이를 악용하지 않는 것'의 경계를 구분할 수 없는 모호한 상황이다.

사건의 발단은 2011년 말 미국 '생물안보를 위한 국가과학자문위원회NSABB'가 과학저널 《사이언스》와 《네이처》에 게재될 예정이던 논문

론 푸히르 교수의
변종 H5N1 바이러스 만드는 방법

푸히르 교수는 10회의 계대배양을 통해
공기전염 되는 변종 바이러스를 만들었다.

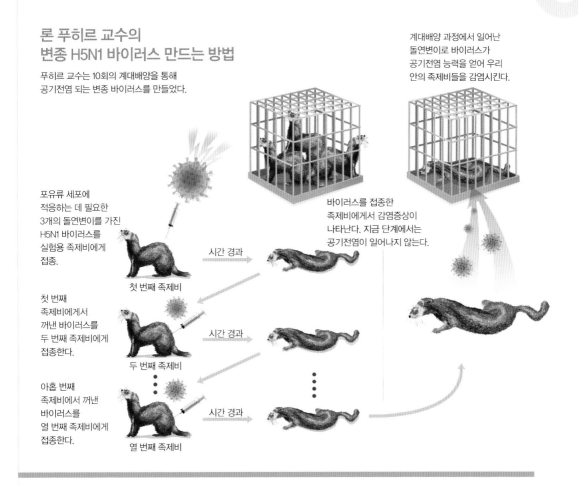

계대배양 과정에서 일어난
돌연변이로 바이러스가
공기전염 능력을 얻어 우리
안의 족제비들을 감염시킨다.

포유류 세포에
적응하는 데 필요한
3개의 돌연변이를 가진
H5N1 바이러스를
실험용 족제비에게
접종.

바이러스를 접종한
족제비에게서 감염증상이
나타난다. 지금 단계에서는
공기전염이 일어나지 않는다.

첫 번째 족제비

시간 경과

첫 번째
족제비에게서
꺼낸 바이러스를
두 번째 족제비에게
접종한다.

두 번째 족제비

시간 경과

아홉 번째
족제비에서 꺼낸
바이러스를
열 번째 족제비에게
접종한다.

열 번째 족제비

시간 경과

2개의 일부를 삭제해 달라고 요청하면서 시작됐다. NSABB는 조류 인플루엔자 바이러스 H5N1에 대한 두 논문이 인류에게 '재앙'이 될 수 있다며 우려를 나타냈다. 전 세계에서 가장 영향력 있는 과학저널에 논문이 게재된다면 이를 악용할 가능성이 높다는 것이다.

과연 이들의 연구는 위험한 것일까. 사이언스의 논문은 네덜란드 에라스뮈스 메디컬센터의 앨버트 오스터하우스 박사 연구팀, 네이처의 논문은 미국 위스콘신 대학교 요시히로 가와오카 박사 연구팀이 각기 제출했지만 내용은 비슷하다. 이들은 인위적으로 H5N1의 변종을 만들어냈다. 문제는 이 변종이 생물 진화의 과정을 한순간에 뛰어넘은 기이한 생명체라는 점이다. 자연적인 생물학의 법칙에도 위배된다. 연구진은 H5N1의 유전자 중 특정한 부분이 돌연변이를 일으킬 경우 포유류인 족제비 사이의 감염 능력이 크게 높아진다는 사실을 발견했다. H5N1 변종의 전염력은 유행성 감기 수준이라는 것이 전문가들의 분석이다. 2~3%에 이르는 치명적인 사망률을 보이는 H5N1이 지금까지 과소평가돼 온 것은 조류와 포유류 간, 포유류와 포유류 간 전염이 거의 없기 때문이었다. 생물학자들은 바이러스의 감염력과 병독성은 반비례하는 것으로 여겨 왔다. 조류 인플루엔자는 강력한 독성을 가지고 있는 만큼 감염력이 약하고, 만약 조류 인플루엔자가 포유류 감염력을 강화시키는 돌연변이가 될 경우 당연히 병독성은 약해질 것이라는 것이 정설이었다. 그러나 H5N1 변종은 상식을 완벽하게 무너뜨렸다. 실제로 연구진은 고정관념에 경종을 울리려는 의도였다는 점을 숨기지 않고 있다. 연구에 참여한 한 관계자는 "야생의 H5N1이 강력한 전염성을 갖게 될 가능성을 학계가 너무 낮게 보고 있다"면서 "이번 연구로 모든 가능성을 염두에 둔 대응 연구가 이뤄질 것"이라고 밝혔다.

반면 NSABB의 입장은 다르다. 논문은 기본적으로 '방법을 제시하고 재현이 가능해야 한다'는 전제 위에 써져야 한다. 실제로 두 논문 모두 변종을 만들어내는 방법을 자세히 담고 있다. 만약 의도적으로 이를 만들어 테러에 악용하려는 세력이 있다면 손쉽게 뜻을 이룰 가능성이 높다. NSABB는 "구체적인 방법에 관한 부분을 삭제하고, 실험 결과가 재현될 수 없도록 세부적인 내용을 모두 바꿔 달라"고 권고했다. 논문에 대해 당국과 저널 편집자, 저자들 사이에서 치열한 논쟁이 벌어졌고 결국 모두가 권고를 받아들이는 데 동의했다.

정부의 권유로 논문 일부가 삭제된 것은 사상 초유의 일이었다. 연구진과 저널 모두 마지못한 조치였다며 극도의 불만을 표출했고 과학계의 반발도 많았다. 국내 대표적인 생물학 단체인 '생물학연구정보센터[BRIC]' 역시 이 문제에 대한 긴급 설문조사를 실시했다. 대학 교수와 박사, 생물학 전공자 592명이 참여한 설문에서 응답자의 53%는 NSABB의 요청이 '검열'이라고 대답했다. '검열이 아니다'는 29%, '판단하기 어렵다'는 18%였다. 조치 자체가 부당하다는 응답은 40%로 적절한 조치(36%)라는 응답보다 높았다. 또 연구 내용이 악용될 사태를 우려해 학술지 내

미국 위스콘신 대학교 병원 생물학과 요시히로 가와오카 교수(오른쪽).

용을 제재 조치하는 것에 대해서는 '매우 제한적으로 신중히 적용된다는 조건하에 찬성해야 한다'(67%)는 의견이 절대적으로 높았다. 학술지 내용에 대한 선택은 '학술지 편집위원 등 과학계 스스로 주도해야 한다'는 의견이 51%로 가장 높았고, 과학계·정부·시민단체 등으로 구성된 새로운 기구(42%)라는 응답이 뒤를 이었다. 정부가 주도해야 한다는 의견은 2%에 머물렀다. 이 논문들은 결국 핵심적인 부분을 제외한 채 2012년 6월 《사이언스》와 《네이처》에 잇따라 게재됐다.

과학자들의 반발은 어찌 보면 당연한 일이다. 대부분의 과학자는 '의도'보다는 '진리탐구'가 1차적인 목표일 수밖에 없다. '내 연구와 논문을 누군가 통제한다'는 것은 과학자로서의 정체성을 의심받는 것으로 받아들일 수 있다. 하지만 오늘날 과학이 분명 '권력'이나 '의도'와 결합해 움직이고 있다는 것은 무시할 수 없는 것이 현실이다. 휴대전화가 '언제 어디서나 통신할 수 있는' 혜택을 줬지만 그중 일부는 원격조종 등을 통해 테러에 악용되고 있다는 것을 부인하기는 힘들다. 이를 해결하기 위해 전 세계 수십억 명이 누리고 있는 휴대전화의 혜택을 몇몇 테러리스트 때문에 제한한다는 것도 어불성설이다. 결국 '과학과 윤리'의 문제는 과학자 스스로에게 달려 있다. 과학계에서는 '인성교육'이 이를 해결할 수 있다고 믿는다. 독극물을 연구하는 학자는 의학적으로나 과학적으로 절대적으로 필요하지만 이 학자가 그 지식을 사람에게 위해를 가하는 의도를 가지고 사용한다면 누구보다 막기 힘든 존재가 된다. 결국 과학자의 연구와 지식은 쓰임새에 따라 결과가 너무나 달라지는 양날의 칼이다. '나쁜 과학자'의 출현이 두려워 과학을 멈출 수는 없다. 셀 수 없는 과학자를 감시하거나 일일이 계도하는 것보다는 '사람의 소중함', '과학의 정당성'을 미리 알려주는 것이 가장 확실한 해결책이 아닐까.

11

필자 김민수

1999년 서울대학교 지리교육과를 졸업했다. 2004년 《전자신문》에 취재기자로 입사해 컴퓨팅, 인터넷, 모바일, 전자산업 등 다양한 분야의 기자로 활동했다. 2009년에는 《전자신문》의 미래기술연구센터에서 정보통신 산업 및 인터넷, 모바일 정책에 관련된 다양한 프로젝트를 수행했다. 현재 동아사이언스 《과학동아》 수석기자로 다양한 과학기사를 쓰며 과학하는 즐거움을 확산하는 데 주력하고 있다. 지은 책으로는 『톡톡 국민앱 카카오톡 이야기』(머니플러스, 2011, 공저) 등이 있다.

체 중 학
성 우 수 장
뇌 탐 쟁 사 주
논 입 사 자
전 윤 리
카 카 학 오 톡

콤보를 먼저 생각합니다

'플레이는 반드시 두 손가락으로 한다. 핸드폰은 반드시 두 손으로 잡는다. 터치하지 않는 손가락은 화면을 가리지 않게 한다. 왼손 엄지손가락으로 화면을 터치하는 순간 시선은 화면 오른쪽을 보고, 오른쪽 위아래에서 다음 목표를 찾는다. 반대로 오른손으로 화면을 터치하고 있다면 화면 왼쪽에서 다음 목표를 찾는다. 시선을 반대편으로 향해야 한다. (중략) 콤보는 복리이다. 콤보를 유지하는 것이 가장 중요하다. (하략)'

2012년 10월 인터넷을 강타했던 한 PDF 파일에 나와 있는 내용이다. 국민은행 트레이딩부 직원이 직접 쓰고 흥국자산운용 직원이 감수했다. 이 파일의 이름은 '콤보를 먼저 생각합니다. 트레이딩부 이종길 대리가 알려주는 애니팡 매뉴얼'이다. 인터넷에 퍼지기 시작한 이 파일은 블로그, 카페, SNS를 타고 삽시간에 퍼졌다. 파일을 열어본 사람들은 모두 진지하게 '열공모드'에 들어갔다. 애니팡에서 몇 점이라도 더 높은 점수를 내기 위해서다. 파일을 읽으면서 자신의 부족한 부분을 고치고 애니팡 고득점 노하우를 습득하기 위해 똑같이 흉내내기도 한다. 도대체 애니팡이 무엇이기에, 금융권 직원이 이런 파일까지 만들어 인터넷에 올렸으며 많은 사람이 내려받고 열공했을까?

◎ **애니팡 신드롬** ✽ 2012년 7월 카카오톡 게임센터가 문을 열었다. 카카오톡은 3000만 명이 넘는 국내 스마트폰 이용자들 대부분이 내려받아 이용하는 모바일 메신저 서비스다(메신저라기보다는 소셜 커뮤니케이션 서비스라고 보는 게 맞다. 이해하기 어려운 표현이긴 하지만 카카오톡에 대해서는 뒤에 자세히 알아보자). 카카오톡 게임센터가 문을 열 당시 애니팡이 소위 '대박' 날 줄을 아무도 예상하지 못했다.

애니팡이 출시된 지 2달 후 어떻게 됐을까? 애니팡 다운로드 수는 2000만 건에 달했다. 3000만 명 국내 스마트폰 이용자의 절반 이상이 내려받은 것이다. 하루 이용자는 1000만 명을 넘어섰다. 게임을 한 번 진행할 수 있는 '기회'를 주는 '하트'의 경우 애니팡 이용자 평균 10개를 주고받는다. 하루 이용자수 1000만 명을 기준으로 보면

대략 1억 개의 하트가 하루 동안 카카오톡 이용자들 사이에서 왔다갔다 하는 셈이다. 하트는 엄밀하게 표현하자면 오락실에서 게임 한 판을 하기 위해 넣는 동전과 같다. 카카오톡 친구가 많으면 하트를 많이 받을 수 있기 때문에 유리하다. 하트는 애니팡의 수익모델이기 때문에 뒤에 다시 거론하기로 하자.

숫자에서 볼 수 있듯 애니팡은 충분히 '신드롬'이라 부를 만한 자격을 갖췄다. 지하철에서, 버스에서, 공공장소에서, 사무실에서, 커피숍에서 간단히 시간을 때우려는 많은 사람이 애니팡을 즐기고 있다.

애니팡 신드롬이 낳은 풍경은 어떤 모습일까. 하루에도 시도 때도 없이 주고받는 '하트', 심지어 자는 새벽에도 하트가 왔다는 메시지를 알리는 소리에 잠이 깰 때도 있다. 지하철과 같은 공공장소에서 애니팡의 동물들이 터지는 '꺅꺅' 소리가 여기저기서 날 때 눈살을 찌푸릴 때도 있다. 두 사람이 함께 한 대의 스마트폰으로 애니팡을 즐기는 모습은 물론, 친구가 고득점을 올린 결과를 확인하며 부러워하기도 한다. 때로는 자신의 점수가 상위 1, 2, 3위에 랭크되면 괜히 친구에게 전화해서 '나 ~점 기록했어'라고 자랑하기도 한다. 이런 현상을 어떻게 봐야 할까. 애니팡에 어떤 요소가 있기에 이토록 사람들이 즐겨 하는 것일까. 하나씩 파헤쳐 보자.

◉ 이유 있는 '애니팡 신드롬' ＊ 먼저 애니팡이라는 게임을 어떻게 하는지 알아보자. 게임을 하기 위해서는 조건이 필요하다. 앞에서 잠깐 언급한 '하트'가 1개 이상 있어야 한 번 게임을 할 수 있다. 게임을 실행하면 여러 가지 동물 얼굴이 줄지어서 스마트폰 화면을 꽉 채운다. 무질서하게 배열된 동물 얼굴을 한 번 터치로 위아래 또는 좌우로 동물 얼굴을 바꿔 가로 또는 세로로 같은 동물 그림 3개 이상을 맞춰야 한다. 맞춰진 동물 얼굴은 사라지고 점수가 올라간다. 어찌 보면 매우 단순한 게임 같지만 몇 가지 게임 요소가 사용자들의 경쟁심을 자극한다.

애니팡과 비슷한 매치 3 게임인 비주얼드 블리츠(왼쪽)와 주키퍼(오른쪽).

그렇다면 애니팡은 새로 나온 게임인가?

결론부터 말하자면 아니다. 가로나 세로, 또는 대각선으로 같은 그림 3개를 맞추면 사라지면서 점수가 올라가는 게임은 예전에도 많았다. 애니팡은 '매치 3^match three'라는 게임 진행방식을 택한 퍼즐 게임이다. '매치 3'는 같은 모양의 블록 3개가 붙으면 사라지는 형식을 말한다.

2001년 5월 팝캡게임즈라는 회사가 퍼즐게임 '비주얼드^초기 제목은 '다이아몬드 마인'를 공개했다. 이 게임은 지금까지 대략 전 세계에서 5억 명 이상이 즐긴 것으로 알려진 인기 게임이다.

애니팡과 가장 유사한 게임은 2009년 비주얼드 시리즈로 나온 '비주얼드 블리츠'다. 1분 동안만 플레이할 수 있다는 점, 소셜네트워크서비스^SNS 페이스북에 연동된다는 점^애니팡은 카카오톡과 연동, 친구들끼리 랭킹시스템을 도입했다는 점, 일정 기간 동안 이 순위가 갱신된다는 점이 매우 닮았다. 또 빠르게 점수를 올릴수록 고득점을 올릴 수 있는 기회가 생긴다는 점과 고득점 모드가 될 때 화면이 번쩍이는 것도 비슷하다.

비주얼드 블리츠도 사용자 5억 명이라는 숫자가 말해 주듯 2000년대를 주름잡은 캐주얼 게임의 대명사다. 캐주얼 게임은 짧은 시간 동안 가볍게 즐길 수 있는 게임을 말한다. 사용자들이 비주얼드 블리츠와 애니팡에 열광하는 요소는 세 가지로 정리할 수 있다.

첫째, 초대와 경쟁이 함께 산다는 것이다. 애니팡 열풍이 일어나자 한 신문 칼럼은 이렇게 표현했다. 경쟁에 익숙한 우리나라 사람들이 엔터테인먼트와 여가에서도 새로운 것보다 익숙한 것에서 가장 큰 재미를 찾고 있는 것이라고. 무한 경쟁의 사회에서 가볍게 즐기자는 게임마저도 경쟁을 재미로 느낀다는 것은 어찌 보면 매우 슬픈 이야기다. 하지만 애니팡은 정확히 경쟁이라는 부분을 자극하고 있다.

사용자들은 경쟁을 시작하기 전에 카카오톡에 있는 친구들에게 게임 초대 메시지를 보낸다. 초대를 수락하면 순차적으로 애니팡 게임이 다운로드 되고 친구들과의 한 판 경쟁이 시작되는 셈이다. 게임 초대 메시지는 '함께 게임을 하자'라는 의미라기보다는 '나와 함께 고득점 경쟁을 하지 않을래'라는 뜻에 가깝다. 초대와 경쟁이 공존하는 재미있는 공간이 바로 애니팡이며 사용자들 간의 경쟁 심리는 이 게임에서 헤어나지 못하게 하는 원동력이 되고 있다. 친구들보다 더 높은 점수를 획득하기 위해 하루에도 몇 번씩 경쟁하고 있는 것이다.

둘째, '1분의 매력'이다. 오직 1분 동안만 플레이할 수 있다는 것도 애니팡과 비주얼드 블리츠가 지닌 또 다른 매력이다. 짧다면 짧고 길다면 긴 1분 동안 한 가지 일에 집중한다는 일은 생각보다 재미있다. 1분이 지난 후 만족할 만한 점수가 나오지 않았을 때의 아쉬움이나 개인 최고 기록을 경신했을 때의 기쁨은 모든 애니팡 사용자들이 느끼고 있다. 어떤 일에서 목표를 달성하기 위해 짧은 시간 동안 최선의 노력을 다하거나 목표를 달성했을 때의 희열이 애니팡에 녹아들어 있는 것이다.

셋째는 '하트'다. 1분이라는 시간과 경쟁시스템은 애니팡과 비주얼드 블리츠 모두 채택하고 있다. 짧은 시간 동안 목표를 위해 노력하거나 그 결과를 가지고 지인들과 경쟁하는 것은 분명히 재미있는 요소다. 여기에 뭔가 '감질 맛 나는' 하트라는 시스템이 더해지며 애니팡을 더욱 애니팡답게 만들었다.

하트는 한 번 게임을 할 때마다 필요한 코인과 같다. 게임을 하고 나면 사라진다. 일정 시간이 지나면 하트가 1개씩 5개까지 생긴다. 5개를 모두 쓰고 나면, 즉 5번 게임을 하고 나면 다시 충전될 때까지 일정 시간 기다려야 한다.

여기에 애니팡만의 독특한 시스템이 가미된다. 먼저 하트 서로 보내주기. 카카오톡에 등록된 친구들이 하트를 보내줄 수 있으며 친구가 보내 준 하트는 카카오톡 메시지로 전달된다. 친구에게서 받은 하트는 '+'가 되어 여러 번 더 게임을 할 수 있도록 만든다. 하트는 또 돈을 주고 구매할 수 있다. 경쟁 심리에 쫓겨 친구보다 더 좋은 점수를 얻기 위해서는 지속적으로 게임을 해야 한다. 하다 보면 하트가 소진돼 버리는데 이 때 돈으로 하트를 구매할 수 있다.

⬤ **스마트폰과 네트워크** ✻ 애니팡의 성공은 단순히 게임이 지닌 몇 가지 특징 때문은 아니다. 애니팡이라는 진부한 게임이 국민 게임이 될 정도로 성공한 요인에는 또 다른 몇 가지가 있다. 아이폰 국내 출시로 시작된 스마트폰이 있고 2G에서 3G로 이동통신 환경의 개선, 스마트폰이 만들어낸 앱스토어라는 모바일 응용프로그램 장터가 바로 그것이다. 이 같은 요소들은 애니팡을 성공시킨 데 그치지 않고 우리 삶의 형태를 바꿔놓았기 때문에 중요하다.

애니팡의 성공 이전에는 스마트폰 열풍이 있다. 우리나라에서 스마트폰 열풍은 정확히 애플이 아이폰3GS 모델을 2009년 말 출시하면서 시작됐다. 아이폰은 2007년 1월 애플이 발표한 스마트폰 시리즈다. 초기모델인 아이폰2G는 2007년 6월 29일 미국 AT&T 대리점과 애플 매장에서 최초로 판매됐다.

그 후 2008년 7월 11일 더 싸고 저장 용량도 커지고 3세대^{3G} 이동통신 규격에 맞는 아이폰3G가 미국에서 처음 등장했고 2009년 6월 더 빠른 CPU를 채용한 아이폰3GS가 발표됐다. 우리나라에서는 이동통신사 KT가 2009년 11월 28일 아이폰3GS 모델을 정식으로 출시했다.

이후 아이폰은 삼성전자와 LG전자 등 글로벌 휴대전화 제조기업이 재빨리 스마트폰을 출시하는 데 영향을 미쳤다. 삼성과 LG, 모토로라 등은 애플에 대항하기 위해 애플의 모바일 운영체제 iOS와 유사한 '안드로이드'를 개발한 구글과 손잡았다. iOS와 안드로이드를 컴퓨터에 대입해 보면 윈도와 같은 운영체제를 말한다. 윈도를 깔지 않은 컴퓨터를 우리나라에서 이용하기 어렵듯 스마트폰도 iOS나 안드로이드가 없으면 제 기능을 하기 어렵다.

휴대전화 서비스 회사들은 4
세대 이동통신 시장을 선점
하기 위해 치열한 경쟁을 벌
였다.

아이폰에서 촉발된 스마트폰은 불과 2년 반 만에 국내 가입자 수
3000만 명을 넘겼다. 휴대전화를 사용하는 사람들 대부분이 스마트폰
을 이용하고 있는 셈이다. 스마트폰 이용자 3000만 명은 애니팡의 든든
한 손님들이다. 아니 그보다 앞서 스마트폰 이용자 3000만 명은 카카오
톡 이용자와 동일하며 카카오톡 이용자들은 애니팡의 잠재 고객이다.
애니팡 성공의 이면에 스마트폰을 떼놓고 생각할 수 없다.

스마트폰과 함께 등장한 것이 3G 이동통신 기술이다. 또한 LTE^{Long}
^{Term Evolution} 기술은 4세대^{4G} 이동통신 기술이다. 3세대, 4세대 이동통신
기술은 무엇을 말하는 것일까. 그리고 애니팡과 어떤 관계가 있을까.

3세대 이동통신이 처음 등장했을 때 TV에 나오던 광고를 떠올려 보
자. 휴대전화를 통해 서로 영상 전화를 하는 모습을 기억할 수 있다. 영
상 전화가 가능한 이동통신 기술로 포장했던 것이 3G 이동통신이다.
2G 이동통신 시대에는 영상 전화가 불가능했다. 왜일까?

이동통신 기술은 데이터 전송 속도에 따라서 세대를 구분한다. 1세
대, 2세대 이동통신 기술로는 영상 전송이 어렵다. 영상을 무선 통신을
통해 전송하려면 초당 또는 분당 전송해야 하는 데이터의 양이 글자보
다 훨씬 많다. 많은 양을 전송하려면 속도가 뒤따라줘야 하는데 2G까지
는 영상을 전송할 정도의 데이터 속도를 지원하지 못했던 것이다.

우리나라의 3G 이동통신은 WCDMA^{광대역 코드분할다중접속}라는 이름의 통
신 규약을 따르며 144kbps~2Mbps의 데이터 전송 속도가 나온다. 풀

GSM? CDMA? LTE? 무슨 뜻일까?

이동통신 뉴스를 보면 온갖 알 수 없는 약자가 출몰한다. 기술의 이름과
전송 방식이 마구 섞이기 일쑤라 헷갈리기 쉽지만, 각 세대별로 표준기술을
나타내는 이름과 전송방식이 따로 있다. 세대별로 정리하면 다음과 같다.

구분	1세대	2세대	3세대	중간 단계	4세대
표준기술	AMPS	GSM, IS-95	WCDMA, CDMA2000	HSDPA, HSUPA	LTE어드밴스드
전송방식	아날로그	TDMA, CDMA	WCDMA	WCDMA	OFDMA
주요 서비스	음성	음성, 문자	음성, 문자, 인터넷	음성, 문자, 고속인터넷	음성, 문자, 초고속인터넷, 대용량미디어
상용화 시기	1978년	1992년, 1995년	2000년	2006년경	2013~2014년 예상

어 보자면 초당 최소 144KB, 최대 2MB의 데이터를 무선통신으로 전송
할 수 있는 것이다.

3G 이동통신 기술과 결합한 스마트폰은 상상 이상의 파급 효과를 가
져왔다. 단순한 영상 통화가 중요한 것이 아니라 PC나 노트북 등으로
앉아서 하던 인터넷을 돌아다니면서 할 수 있게 된 것이다. 쉽게 말해
3G 이동통신 기술을 지원하는 스마트폰만 있다면 언제 어디서나 인터
넷을 이용할 수 있게 됐다는 의미다.

움직이면서 인터넷을 이용할 수 있다는 것은 여러 가지 관점에서 의
미가 있다. 정보의 습득은 물론이며 검색, GPS^{위성항법장치} 등을 이용한 길
찾기, e메일 주고받기 등 여러 가지 행동을 돌아다니면서 할 수 있다는
뜻이다. 신문이나 책, 잡지보다는 한 손에 스마트폰을 들고 다니는 경우
가 더 많아졌다. 무선 인터넷 검색으로 손쉽게 다양한 정보에 접근할 수
있게 됐다. 애니팡도 3G 이동통신 기술의 덕을 봤다. 카카오톡이 데이
터 전송에 의해 메시지를 주고받듯이 애니팡 게임 정보도 3G 데이터 통
신에 의해 주고받는다. 지인 초대나 하트 교환, 랭킹시스템 등 모두 무
선인터넷을 스마트폰으로 할 수 있게 되면서 가능해졌다.

무엇보다도 다양한 응용프로그램을 직접 개발해서 스마트폰 사용자
들이 마음대로 구매할 수 있는 모바일 장터, 즉 앱스토어가 생겼다는 것
을 무시할 수 없다. 애니팡 개발사인 선데이토즈와 같은 중소 규모의 콘
텐츠 기업이 콘텐츠 사업을 원하는 대로 할 수 있게 됐다. 여러 앱^{애플리케}

4세대 이동통신에서는 화상 통화는 물론 대용량의 멀티미디어 데이터를 빠른 속도로 주고받을 수 있다.

^{이션 또는 응용프로그램}을 이용하는 사용자 입장에선 쓸모 있는 앱을 손쉽게 구매해서 마음껏 쓸 수 있게 된 것이다.

● 하트는 얼마일까? ✳ 보유한 하트를 모두 써버리고 지인에게 받은 하트도 소진했다면 애니팡을 할 수 없다. 더 하고 싶다면 하트를 구매해야 한다. 하트는 10개당 1100원에 구매할 수 있다. 이는 애니팡 사용자가 게임을 하기 위해 지출한 가격이지만 또 다른 하트의 가격이 있다. 바로 통신 비용으로 환산하는 가격이다. 한 증권사는 데이터 사용량을 바탕으로 애니팡 하트 가격을 공개해 관심을 끌었다. 공개한 결과에 따르면 애니팡 하트 가격은 개당 5원이다.

한 번 게임하는 데 평균적으로 필요한 데이터 용량은 93KB 수준이다. LTE 가입자라면 정액 요금제를 이용하기 때문에 월별 데이터 사용 한도 내에서 데이터를 차감한다. 그러나 정확한 계산을 위해 정해진 한도를 초과하는 데이터 이용 요율인 0.5KB당 0.025원으로 계산한다면 93KB는 약 5원 어치라는 계산 결과가 나온다. 만일 하루 한 시간씩 매일 60회 게임을 한다고 가정하면 한 달 데이터 소비량은 163MB가 된다.

데이터 이용량에 따른 하트의 가격이 중요한 이유는 뭘까. 이동통신 산업의 성장 요인이 초창기에 비해 현저히 달라졌기 때문이다. 초기에는 가입자를 늘리고 가입자당 받는 요금이 가장 중요했다. 그것도 통화 요금이 이동통신 산업 성장의 핵심이었다. 이동통신 사업자간 가입자 유지 경쟁과 단말기 보조금 과열 양상 등이 여론의 도마에 오르기도 했다.

그러나 이제 휴대전화 사용자수가 포화 상태에 달했기 때문에 빠른 데이터 전송 속도를 바탕으로 한 데이터 이용 요금이 주요 수익원으로 바뀌었다. 특히 카카오톡이나 스카이프, 마이피플 등 모바일 커뮤니케이션 서비스가 각광을 받으면서 음성 통화는 설 자리를 점점 잃어가고 있다. 참고로 이동통신 네트워크는 음성 통화망과 데이터망이 따로 나뉘어져 있는데 데이터망 이용이 점점 늘어나고 있는 추세다.

이런 의미에서 그 증권사는 데이터 이용량에 바탕을 둔 하트 가격을 공개하며 의미심장한 이야기를 했다. "애니팡은 무선통신 데이터 소비를 유발하는 킬러 아이템으로 자리매김해 통신 비즈니스에 긍정적인 영향이 기대된다. 이 정도 수준이면 애니팡을 많이 한다고 해서 데이터 요금에 부담이 가진 않겠지만 매우 중요한 무선 데이터 소비 아이템이 등장한 것이다. 4G 이동통신인 LTE 환경에서 애니팡과 같은 서버 게임이 데이터 소비를 유발하는 킬러 아이템이 될 것이다."

⬤ **애니팡 성공은 카카오톡 때문인가?** ✳ 만일에 애니팡이 단독 게임으로 애플 앱스토어나 구글 안드로이드마켓에서 판매됐다면 성공할 수 있었을까? 앱스토어나 안드로이드마켓은 앞서 설명한 스마트폰과 3G 이동통신 환경에서 앱을 자유롭게 사고 팔 수 있는 모바일 장터다. 일종의 시장이기는 하지만 워낙 많은 개발 기업들이 다양한 앱을 올려서 팔기 때문에 경쟁이 그만큼 치열한 곳이다. 그래서 애니팡은 카카오톡 때문에 성공했다고 해도 과언이 아닐 정도다.

카카오톡은 3000만 명이 넘는 스마트폰 사용자 대다수가 이용하고 있는 애플리케이션이다. 카카오톡에 대한 설명이 더 이상 필요 없을 정도다. 카카오톡이 이렇게 많은 가입자를 모은 비결은 사용자들의 구미를 당길 만한 조건을 갖추고 있었다. 사용하기 쉬운 몇 가지 로직 덕분에 사용자가 스스로 사용자를 끌어오는 형태가 됐다. 카카오톡 서비스를 내놓은 시점은 기가 막힌 타이밍이었다. 누구보다 앞서 무료 메신저를 내놓은 것이다. 카카오톡이 최초의 모바일 메신저 또는 커뮤니케이션 서비스는 아니다. 다만 최초의 무료 메신저 서비스다. 모바일 메신저 서비스에서 '유료' 모델은 사용자들을 등 돌리게 했다.

많은 사람은 카카오톡을 메신저가 아니라 값싸게 문자를 보낼 수 있는 도구로 생각했다. 와이파이^{근거리 무선통신} 기능을 지닌 스마트폰이 속속 나오면서 와이파이에 연결되면 문자를 보내는 요금이 무료가 되고 3G 네트워크에 연결된다고 하더라도 매우 저렴한 비용으로 문자를 데이터화해 보낼 수 있다. 문자 한 개를 보내는 비용은 고작 평균 0.2원에 불과했다. 일반 문자를 보내는 비용의 100분의 1밖에 되지 않는다.

해외에 있는 사람과의 대화도 마찬가지다. 자신의 스마트폰이 와이파이로 인터넷에 연결돼 있기만 하면 된다. 이런저런 절차가 필요 없는 것도 카카오톡만의 매력이었다. 그냥 카카오톡을 설치하고 전화번호와 이름(또는 별명)만 입력하면 된다. 그 이상 '아무것도' 하지 않아도 된다. 흔한 '가입절차' 같은 것도 없다. 이런 편리함은 입소문을 만들었고 지금의 카카오톡이 있게 했다.

카카오톡은 또 세계 최초로 모바일 그룹채팅 기능을 추가했다. PC에서 메신저에 그룹 채팅 기능이 있었지만 모바일 그룹채팅은 전혀 다른 서비스다. PC 그룹채팅은 PC 앞에서 모든 멤버가 앉아 있어야 가능하지만 모바일 그룹채팅은 항상 접속돼 있는 것과 마찬가지다. 언제 어디서나 함께 있는 것처럼 그룹채팅을 통해 이야기를 나눌 수 있다는 뜻이다. 모임 장소를 정하거나 여러 사람과 이야기를 나누는 데 이만큼 편한 도구도 없다.

뿐만 아니라 카카오톡에 연결하기 위해 양쪽 모두 전화번호를 알아야 할 필요가 없다. 자신의 연락처에 전화번호가 등록돼 있고 카카오톡을 이용하는 사람이라면 자동으로 카카오톡에 '친구'로 등록된다.

카카오톡이 사용자 2000만 명을 바라볼 때 수익에 대한 주변의 우려 섞인 시선이 많았다. 무료 메신저가 광고도 하지 않고 어떻게 저 많은 가입자 수를 유지할 수 있을 것인가에 대한 문제제기였다. 가입자가 늘어날수록 서버를 늘려야 하는데 당장 수익이 없는 상황에서 어떻게 서비스를 지속할 수 있는가에 대한 문제제기이기도 했다.

그럴 때마다 카카오 측의 대답은 이랬다(카카오톡은 서비스 이름이며 카카오톡 서비스를 제공하는 회사 이름은 카카오다). "수익은 트래픽이 늘고 사용자의 충성도가 높아지면 당연히 따라옵니다. 수익 모델을 만드는 건 고민이 아닙니다. 오히려 할 게 너무 많은데 뭘 선택할 것이냐가 문제죠." 사용자를 최대한 늘리고 사용자에게 최대한 혜택을 주는 데 초점을 맞추겠다는 것이다.

전 세계 있는 지인들을 그물처럼 네트워킹하는 덕분에 잊고 지냈던 친구를 만나기도 하고 새로운 친구를 사귀기도 한다. 늘 손에 쥐고 다니는 스마트폰으로 말이다. 그래서 카카오톡을 단순히 모바일 메신저라고 부르기에는 한계가 있다. 모바일 커뮤니케이션 서비스라고 부르는 것보다 새로운 모바일 소셜네트워크서비스라고 보는 게 더 맞을지도 모른다.

국내 3000만 명이라는 숫자가 말해 주듯 카카오톡은 이제 소셜을 내세워 다양한 실험을 전개하고 있다. 카카오스토리가 사진 기반의 소셜 서비스라면 카카오플러스 친구는 기업이나 법인을 대상으로 하는 마케팅 창구가 되고 있다. 카카오톡 게임센터는 카카오만의 다양한 실험 중 하나다. 이 게임센터에 들어가 대박 난 것이 바로 애니팡이다.

카카오톡은 이제 플랫폼이 되고 있다. 플랫폼은 승강장, 정류장이라는 의미다. 어디를 가든 반드시 거쳐 가야 한다는 뜻이다. 반드시 거쳐 가야 하기 때문에 이용료가 필요하다. 애니팡의 성공은 어찌 보면 카카오톡이라는 플랫폼을 거쳤기 때문이다. 이미 구축돼 있는 카카오톡 네트워킹에 애니팡의 가벼운 게임성이 합쳐지면서 시너지 효과가 났다.

카카오톡을 기반으로 한 애니팡의 성공은 앞으로 사회를 변화하게 만들 에너지가 있다. 모바일 플랫폼과 소셜을 바탕으로 한 관계 맺기가 앞으로 더욱 중요하게 될 것이다. 이러한 흐름은 정보 습득이나 재미를 위한 다양한 콘텐츠와도 연계가 이뤄질 것이며 콘텐츠를 소비하는 패턴의 변화를 유발할 것으로 예상된다.

사진 및 일러스트 출처

11쪽 위키피디아
14~15쪽 일러스트 – 정지수
16~17쪽 일러스트 – 사이언스
18~19쪽 일러스트 – 정지수
20~21쪽 동아일보
23쪽 위키피디아
26~27쪽 CERN
29쪽 동아일보
31쪽 일러스트 – 동아사이언스
34쪽 일러스트 – 동아사이언스
36쪽 미국 페르미연구소
37쪽 LC/DESY
38~39쪽 일러스트 – 동아사이언스
40~41쪽 CERN
42~43쪽 모든 사진 – 노벨재단, 미국 정부, 위키피디아
49쪽 동아사이언스, 동아일보
50쪽 위키피디아
53쪽 위키피디아
54쪽 istockphoto
55쪽 일러스트 – 이지희
59쪽 Biological Psychiatry
60쪽 istockphoto
61쪽 경기관광공사
64쪽 위키피디아
65쪽 NASA
69~79쪽 일러스트 – 동아사이언스
76쪽 istockphoto
84쪽 위키피디아
85쪽 동아일보, 위키피디아
86쪽 위키피디아
88~89쪽 위키피디아
90쪽 동아일보
92~93쪽 위키피디아

95쪽 미국에너지국
98~99쪽 일러스트 – 정지수
105쪽 동아일보
106쪽 동아일보, 위키미디어
107쪽 일러스트 – 김효미
112쪽 일러스트 – 김효미
117쪽 동아일보
123쪽 일러스트 – 하라미
125쪽 일러스트 – 강선욱
126~127쪽 동아일보
130~132쪽 일러스트 – 이지희
134쪽 일러스트 – 홍승표
139쪽 위키피디아
140~141쪽 동아일보, 위키피디아
144~145쪽 NASA
146~149쪽 일러스트 – 박장규
153쪽 동아일보
154~155쪽 동아일보
156~157쪽 istockphoto
158쪽 피츠버그 대학교
160~161쪽 Alain Herzog
162~163쪽 맨체스터 대학교, IBM
164쪽 BrainScales
171쪽 위키피디아
172~173쪽 위키피디아, 동아일보
174쪽 Magan Boley
176쪽 위키피디아
179쪽 일러스트 – 이지희
181쪽 위스콘신 대학교
185~187쪽 일러스트–선데이토즈, 사진 – marinie
190쪽 동아일보
192~193쪽 ETRI, REX